庆祝桂林理工大学 60 周年校庆

2015 年度广西高等学校科研项目《城镇化背景下广西侗族乡土文化景观保护对策研究》（KY2015LX134）

梁燕敏 著

中国建筑的传统风格与民族特色探析

U0222436

中国纺织出版社

内 容 提 要

中国是世界上有着悠久历史的文明古国之一，有深厚的文化和传统。这种文化底蕴展现在建筑上就形成了中国独特的建筑体系。本书以"中国建筑的传统风格与民族特色"为课题，探讨中国传统建筑的基本形式、特征、分类，脉络梳理，建造手法与装饰，汉族南方的特色建筑，以及少数民族的独特建筑——侗族、壮族、回族、蒙古族、藏族和维吾尔族以及其他少数民族文化区域的建筑特色。

图书在版编目 (CIP) 数据

中国建筑的传统风格与民族特色探析 / 梁燕敏著
. -- 北京：中国纺织出版社，2018.9（2023.4 重印）
ISBN 978-7-5180-3089-7

Ⅰ.①中… Ⅱ.①梁… Ⅲ.①建筑艺术－研究－中国
Ⅳ.① TU-862

中国版本图书馆 CIP 数据核字（2016）第 269555 号

责任编辑：姚　君　　　　　　　责任印制：储志伟

中国纺织出版社出版发行
地址：北京市朝阳区百子湾东里 A407 号楼　邮政编码：100124
销售电话：010-67004422　传真：010-87155801
http://www.c-textilep.com
E-mail:faxing@e-textilep.com
中国纺织出版社天猫旗舰店
官方微博 http://www.weibo.com/2119887771
大厂回族自治县益利印刷有限公司印刷　各地新华书店经销
2018 年 9 月第 1 版　　2023 年 4 月第 11 次印刷
开本：710×1000　1/16　印张：15
字数：209 千字　定价：65.00 元

前　言

　　建筑是人类本质力量的物质化的再现，是人类全部聪明才智的综合表现。它是通过人类的"造物"活动将思维和意识形态物质化的过程，是创造的过程。"作为艺术的建筑术的萌芽"（恩格斯），从新石器时代晚期以前就已经出现了。最初，原始人为了躲避风雨钻进洞穴，为了逃脱凶禽猛兽的袭击而爬上大树，这些或许只能被认为是动物的本能，但后来出来的"穴居"和"树居"，毫无疑问是人类建筑的开端。

　　建筑伴随着人类对美、对物质的追求，走过了漫长的岁月。

　　中国传统建筑大多采用木构架的结构方式，也就是说房屋的骨架都由木料制成，再加上其规范化的施工技术和精美的细部装修，尤其是近乎装配化与规范化的施工体系和精准的符合力学原理的结构，使中国传统建筑成为一种世界上完美的建筑结构体系。但这种木结构的建筑也有重要的缺点，即容易失火，容易被腐蚀、虫蛀，不易保存，这就导致中国早期的建筑现存甚少。山西省五台山重建于唐大中十一年（公元857年）的佛光寺和建于唐建中三年（公元782年）的南禅寺，被称为中国建筑史上的"绝世孤本"。

　　中国的传统建筑是以民居为核心发展起来的，而建筑的最基本的形态就是从民居——四合院这一简单形态发展起来的。无论是在宏伟的宫殿，还是在幽静的禅林，抑或是风景如画的园林，四合院无处不在。四合院虽小，但又内外有别、尊卑有序、讲究对称，这种布局不仅适应了人们在生活上的实际需要，也符合人们思想上既要安全又想亲近自然的要求，并满足了我国封建礼制的精神需求与生活的功能要求，因此成为中国建筑中最典型的布局方式。而建筑中的风水、礼制和阴阳观念等文化内涵又使中国传统建筑具有一种神秘感和庄重感。

中国传统建筑也表现出鲜明的地域性和民族性。如北方汉族地区的建筑多以紧凑的四合院为主，西北地区以窑洞为主。而南方汉族建筑在四合院的基础上又各有特色，如徽派建筑的"马头墙"，江南民居的"小桥流水人家"，以及客家的"城堡"土楼。中国少数民族建筑（即"风土建筑"）也因生态环境、民族文化等因素而表现出不同的特点。如新疆地区气候少雨，昼夜温差大，那里的房屋多开窗小，空气对流少。岭南地区因为气候炎热多雨，土地湿润，植被丰富，为了避免瘴气和毒蛇猛兽的袭击，房屋的形式大多是干栏式建筑。而侗族村寨的建筑则以造型美观、结构独特的鼓楼为标志。

以上所述种种仅是中国传统建筑中的一滴水、一片瓦。在中国传统建筑的漫长发展道路中，许多前人倾注了不少心血，留下了大量的研究资料，作者通过对这些资料的研究学习以及自身实践经验的总结完成了这本著作。其主要内容包括中国传统建筑的基本知识、历史发展脉络、建造手法与装饰以及汉族和各主要少数民族的特色建筑等。希望这本著作能对我国传统建筑的研究贡献微薄之力。

在本书的撰写过程中，作者查阅了众多相关研究论文和著作资料，从中获益匪浅，在此对各位作者表示由衷的谢意。由于作者理论水平所限，加之时间仓促，书中难免存在不妥之处，希望广大读者能够给予指正，并提出宝贵意见，以便本人日后对本书进一步修改和完善。

本书在写作过程中得到桂林理工大学艺术学院的大力支持，感谢桂林理工大学专著出版基金的资助。

作者

2017 年 12 月

目　录

第一章 | 浮光掠影——初识传统建筑

中国是世界上有着悠久历史的文明古国之一,有深厚的文化和传统。这种文化底蕴展现在建筑上就形成了中国独特的建筑体系。建筑是凝固的音乐,是技术和艺术的结合。我国的古代建筑是我们祖先高超的智慧与才能的创造,是一曲悠扬绵长、耐人寻味的古曲,至今仍然震撼人们的心灵。

第一节 传统建筑的基本形式

我国古代建筑经历了从原始社会、奴隶社会到封建社会三个历史阶段。在不同的历史阶段,建筑的基本形式也各有不同。

一、原始社会

从距今约五十万年前的旧石器时代,到中国第一个王朝—夏朝的建立之前,初期原始人的建筑模式呈现两种发展脉络。一种是由单树巢居,向多树巢居,再到干阑建筑(干阑:栅居,在湖沼地带、在地面上人工打上木桩或柱子,然后在桩柱与地板梁和屋架梁之间穿插构件,在交结点由扎结改进为榫卯之后,自然形成的构造方式。现在我国西南、东南的少数民族如傣、侗、苗族等仍在使用这种方法,只是立柱不再埋入土中)的"巢居发展序列";另一种是从原始横穴到深袋穴,到半穴居,再到地面建筑的"穴居发展序列"。这些建筑技术和工艺成为之后中国建筑体系发展的渊源。

穴居中的土木混合的构筑方式,成为以后夏商直至今日沿承的中国建筑文化的主线,而巢居中的木构技术则成为以后木构建筑千变万化的基础。后来技术的进步使得中国建筑在平面布局上形成了简明的组织规律,即以"间"为单位构成单座的建筑,再以单座建筑组成庭院,构成组群。这不仅是中国民居的基本形式,也为日后园林和皇城建筑奠定了基础。

二、奴隶社会

从夏至战国的一段时期,奴隶制度的建立使得进行大规模工程有了可能。经商周以来,木构架得到不断的改进,使之成为中国建筑的主要结构方式。多种新技术的出现和人力集中的可能性,使商代形成了在高高的夯土台上建造宫殿和城垣的高台建筑模式,也形成了很多以宫室为中心的大小城市。

奴隶制的发展使建筑出现了等级制度,随之产生了专司管理工程的职务,后来各朝在这个基础上不断发展形成了中国特有的工官制度。

三、封建社会

从战国至 1840 年鸦片战争以前,封建社会的建筑形成了我国古典建筑的主要阶段。封建建筑的形式受儒家和道家的思想影响,加之生产方式的进步,带动了诸如工农业、商业,尤其是建筑业的进步。在我国最早的一部工程技术专著《考工记》中已经有了许多建筑技术的记录。另外书中还记录了一些工程测量的技术。随着社会和技术的不断发展,出现了规模巨大的宫殿、庙宇、陵墓和水利、防御等工程。

封建社会建筑的鼎盛时期出现在唐代,由于对外贸易和文化的交流带动了建筑艺术的发展,那个时期遗留下来的木构宫殿、石窟、佛塔及城市的遗址,在布局和造型上都显示了它的艺术价值和技术水平。宋代的城市生活更繁荣,从而改变了封闭的城市布局,出现了开放的沿街设店方式。这个时期木、砖、石结构有了新的发展,出现了以"材"为标准的模数制,使设计和施工有了规格化。建筑在布局、装修和布置上都有了新的方法。加之这一时期的建筑艺术形象也趋向于绚丽和柔美,所以说中国建筑的木构技术在宋代达到高峰,以至影响了以后元、明、清的建筑。

元朝的建筑又融入了伊斯兰、喇嘛教以及中亚一些民族的地方风格,使得中国传统建筑的模式向多元化的方向发展。元朝是中国传统建筑的变化期。

由于明清的工程制度更加严密,而且官式建筑已经定型,并遵从僵化的程式,使明清时期的大木构架形式和技术开始走下坡路。但是,当时砖瓦的普及,使这一阶段的建筑外观形式更加宏大和富有变化,无论从建筑风格、布局规划和装饰上都给后人留下了宝贵的财富。因为封建制度至此完结,所以明清的建筑成为中国封建建筑最后一缕绚烂的阳光。

第二节　传统建筑的特征

一、传统建筑的总体艺术特征

中国古代建筑艺术和它所成长的土壤——中国人的伦理观念、宗教态度、心理气质、艺术趣味和自然观等紧密相连,只有了解这一文化基础,才能对它有清晰的把握。

(一)传统的美学思想

中国的建筑艺术,堪称儒、道互补的产物。一方面,中国建筑中的理性秩序,严格的等级规则,是典型的儒家气质。天人相互依存、相互促进,具有同构同源的特征。另一方面,道家的意境渗入建筑,缓和冲淡了儒家的刻板和严肃。这两种美学思想的互补互渗,使中国建筑呈现出一种既亲切理智又空静淡远,既恢宏大度又意韵深长的艺术风格。

中国传统建筑具有强烈的"尚中"意识,它集中体现在对中轴线的强化和运用上。然而,"中"的概念并不单单是一个表示地理方位的词,经过长期的发展,已经成了整个中华民族的一种凝固的民族意识、历史意识与空间意识。可以说,在中国古代建筑中,几乎无处不渗透着这种尚中的美学思想。

1. 明确的伦理内涵

中国古代建筑早在先秦时期,房屋的间数、高度、建筑材料乃至装饰纹样和色彩等方面,依据等级制度进行了明文规定。

首先,作为中国建筑发展最为成熟、成就最高的宫殿,处处以等级化、模式化的布局来反映封建专制主义下森严的等级制度,表现帝王"九五之尊"的地位。如北京故宫的布局中依"前朝后寝"的古制沿南北轴线布局,前朝主要布置象征中心的大殿,是帝王发号施令和处理国家政务的地方,故建筑的等级最高,气势最宏大,装饰最华丽,以此渲染皇权的至尊。成书于春秋时期的《周礼·考工记·匠人营国》篇中规定:"匠人营国,方九里,旁门三门,国中九经九纬,经涂九轨,左祖右社,面朝后市,市朝一夫。"这就是说,祖庙居东,社稷坛在西,朝廷在前,商市居后,宫室居中心。整个一座北京城的布局就强烈显示了中国古代以皇权为中心的政治伦理意识。

其次,民居建筑的布局方式也体现出中国古代宗法制度下"父尊子卑、长幼有序、男女有别"的家族伦理和人与人的不平等关系。以华北地区传统住宅建筑的典型北京四合院为例,在前院设"倒座",作为仆役住房和客房。后院有堂屋和东西厢房。位于中轴线上的堂屋属最高等级,为长辈起居处,厢房则为晚辈住所,父子、夫妇、男女、长幼及内外秩序严格,尊卑有序,不可僭越,充分体现了传统伦理观念。

2.顺应自然,高于自然

中国古代两大主流哲学派别——儒家与道家都主张"天人合一"的思想。这种思想顺应自然,随地势高下、基址广狭以及河流、山丘、道路的形式,随意布置建筑与村落城镇。因此,我国山地多错落有致的村落佳作,水乡面水临流的民居妙品,佛道名山则有无数依山就势建筑群的神来之笔。

当然,顺应自然并非无所作为。在荀子看来,人既依赖于自然又高于自然。所谓高于自然,这是荀子"明于天人之分"命题的核心、要义,也是荀子的人之生存意义理论。在中国古典园林体现得最为典型。园林巧妙而高超地运用建筑、山水、花木、书画艺术等,构成了一个完美的综合艺术体。

(二)单体与群体的艺术

中国建筑单体的内部空间很不发达,而且往往由于上部梁架的复杂交织和室内外空间的交流,使它的界面很不明确。中国建筑的空间美,主要存在于室外空间的变化之中。

中国建筑单体不是独立自在之物,只是作为建筑群的一部分而存在的。就像中国画中任何一条单独的线,如果离开了全画,就毫无意义一样,建筑单体一旦离开了群体,它的存在也就失去了根据。中国的古建筑群,就像一幅长卷画,只有在逐渐展开中才能了解它的全貌。走进一所中国古建筑群,只能从一个庭院走进另一个庭院,必须全部走完才能看完。北京的故宫就是最杰出的一个范例,人们从天安门进去,每通过一道门,进入另一庭院;由庭院的这一头走到那一头,一院院、一步步景色都在变换,给人以深切的感受。

中国古代建筑的特点是简明、真实、有机。"简明"是指平面以"间"为单位,由间构成单座建筑,而"间"则由相邻两榀屋架构组成,因此建筑的平面轮廓与结构布置都十分简洁明确,人们只需观察柱网布置,就可大体知道建筑室内空间及上部结构的基本情况。这为设计施工带来了方便。单座建筑最常见的平面是由 3、5、7、9 等奇数的开间组成的长方形（图 1–1）。在园林与风景区则有方形、圆形、三角形、六角形、八角形、花瓣形等平面以及种种别出心裁的形式。

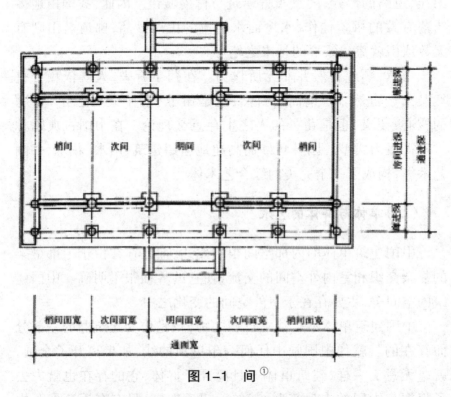

图 1–1　间 ①

在平面布局方面产生了一种简明的组织规律，就是以"间"为单位构成单座建筑，再以单座建筑组成庭院，进而以庭院为单元组成各种形式的组群（图 1–2 至图 1–5）。这种族群布局大都采用均衡对称的方式。当一个庭院建筑不能满足要求时，往往采用纵向扩展、横向扩展或纵横扩展的方式，庭院深深就是对中国建筑群的确切描述。这种方式中，有一个重要的角色——院落。很多建筑的形式都是为了形成院落而诞生的。当然也有学者评价中国的这种方式只是原始的方式，最早的群落都是以这种方

---

① 张义忠，赵全儒.中国古代建筑艺术鉴赏 [M].北京：中国电力出版社，2012.

式发展。这并非全无道理,但是为何这种原始的方式可以沿用千年? 这其中肯定有从建筑平面图上体会不到的意味。

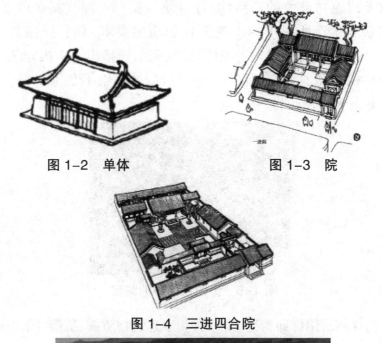

图 1-2 单体

图 1-3 院

图 1-4 三进四合院

图 1-5 建筑群

二、传统建筑的基本构成特征

(一)巧妙而科学的框架式结构

承重与围护结构分工明确,建筑物具有灵活性和适应性。中国古代建筑主要是小构架结构,即采用木柱、木梁构成房屋的框架,屋顶与房檐的重量通过梁架传递到立柱上。柱墙分工明确,墙壁只起隔断的作用,而不是承担房屋重量的结构部分。这种结构赋予建筑物极大的灵活性,可以使房屋在不同气候条件下,满足生活和生产所提出的千变万化的功能要求,具有极强的适应性。"墙倒屋不塌"这句古老的谚语,概括地指出了中国建筑这种框架结构重要的特点。同时,由于房屋的墙壁不负荷重量,门窗设置有极大的灵活性(图 1-6)。

图 1-6　苏州留园中的漏窗

构件间采用榫卯构造,十分有利于建筑物防震、抗震(图 1-7)。

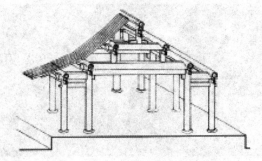

图 1-7　中国建筑的木结构

斗拱既有力学作用,又有装饰作用。在官式建筑屋顶与屋身之间的柱头上的斗拱既有支承荷载梁架的作用,又有装饰作用。只是到了明清以后,由于结构简化,将梁直接放在柱上,致使斗拱的结构作用几乎完全消失,几乎变成了纯粹的装饰品。

(二)简明完美的单体形象

　　中国古代单体建筑形式比较简单,不论殿堂、亭、廊,都由台基、屋身和屋顶三部分组成,高级建筑的台基可以增加到2～3层,并有复杂的雕刻(图1-8)。屋身由柱子和梁枋、门窗组成,如是楼阁,则设置上层的横向平座(外廊)和平座栏杆。层顶大多数是定型的式样,主要有硬山、悬山、歇山、庑殿、攒尖五种。单体建筑的艺术造型,主要依靠间的灵活搭配和式样众多的曲线屋顶表现出来,同时明晰的结构逻辑所带来的结构之美是建筑艺术形象的重要构成部分。此外,木结构的构件便于雕刻彩绘,亦增强了建筑的艺术表现力(图1-9)。

图1-8　北京天坛圜丘

图1-9　传统建筑中的木雕

　　唐宋时期是中国古代建筑发展的最成熟时期,建筑屋顶、屋身、台基三分为一考虑至臻成熟。建筑中无纯粹装饰性构件,也没有歪曲材料使之屈从于装饰要求的现象。如斗拱既是结构构件,又是装饰构件,门钉既是连接门板与穿带的结构构件,又有极强的装饰性;柱础为柱子和台基之间的过渡性构件,起着柱基和防潮的作用,材料为石质,放于柱子的下部承受压力,符合材料受力性能的要求,同时造型多样,富有装饰性(图1-10)。

图1-10　清真东大寺门房

图1-11　太庙巨大的屋顶

　　屋顶在单座建筑中占的比例很大,一般可达到立面高度的一半左右(图1–11)。古代木结构的梁架组合形式,很自然地可以使坡顶形成曲线,称为"反宇",不仅扩大了采光面,同时也有利于排泄雨水;不仅坡面是曲线,正脊和檐端也可以是曲线,在屋檐转折的角上,还可以做出翘起的飞檐,增添了建筑物飞动轻快的美感(图1–12)。"如翼斯飞"是屋顶艺术形象最好的写照,巨大的体量和柔和的曲线,使屋顶成为中国建筑中最突出的形象(图1–13)。

图1–12　苏州寒山寺钟楼　　　　图1–13　颐和园延春阁

　　屋身部分柱子的上细下粗的收分处理为追求稳定效果而向中心倾斜一定角度的侧脚处理,以及为避免屋檐角部下垂的檐柱升起处理等手法均体现了技术与艺术的高度融合和统一。

　　因防潮防水及突出建筑体量的需要,建筑下部的台基应运而生。台基分两大类:一种叫普通台基;一种叫须弥座。普通台基用素土或灰土或碎砖三合土夯筑而成,高约一尺,常用于小式建筑。须弥座一般用砖或石砌成,上有凹凸线脚和纹饰,台上建有汉白玉栏杆,常用于宫殿和著名寺院中的主要殿堂建筑。最高级台基由几个须弥座相叠而成,从而使建筑物显得更为宏伟高大,常用于最高级建筑,如故宫三大殿和山东曲阜孔庙大成殿,即耸立在最高级台基上。台基四周,栏杆的下方设有造型优美的螭首,肩负排出雨水的功能。

　　从以上屋顶、屋身和台基各个方面均能体现出中国古建筑单体达到功能、结构、艺术的高度统一。

（三）有节奏的庭院式组群布局

从古代文献记载，绘画中的古建筑形象一直到现存的古建筑来看，中国古代建筑在平面布局方面有一种简明的组织规律，这就是每一处住宅、宫殿、官衙、寺庙等建筑，都是由若干单座建筑和一些围廊、围墙之类环绕成一个个庭院而组成的（图1-14）。一般来说，多数庭院都前后串联起来，通过前院到达后院，这是中国封建社会"长幼有序，内外有别"的思想意识的产物。家中主要人物，或者应和外界隔绝的人物（如贵族家庭的少女），就往往生活在离外门很远的庭院里，这就形成一院又一院层层深入的空间组织（图1-15）。宋朝欧阳修《蝶恋花》词中有"庭院深深深几许"的字句，古人曾以"侯门深似海"形容大官僚的居处，都形象地说明了中国建筑在布局上的重要特征。

图1-14　乔家大院院落空间一　　图1-15　乔家大院院落空间二

同时，这种庭院式的组群与布局，一般都是采用均衡对称的方式，沿着纵轴线（也称前后轴线）与横轴线进行设计。比较重要的建筑都安置在纵轴线上，次要房屋安置在它左右两侧的横轴线上，北京故宫的组群布局和北方的四合院是最能体现这一组群布局原则的典型实例（图1-16）。这种布局是和中国封建社会的宗法和礼教制度密切相关的。它最便于根据封建的宗法和等级观念，使尊卑、长幼、男女、主仆之间在住房上也体现出明显的差别。中国的这种庭院式的组群布局所造成的艺术效果，与欧洲建筑相比,有它独特的艺术魅力。

图 1-16　故宫的中轴线布局　　　图 1-17　高颐墓阙

在序列空间中,衬托性建筑的应用,是中国古代宫殿、寺庙等高级建筑常用的艺术处理手法。它的作用是衬托主体建筑。最早应用并且很有艺术特色的衬托性建筑便是从春秋时代就已开始的建于宫殿正门前的"阙",它是建筑群序列空间开端的重要组成部分。到了汉代,除宫殿与陵墓外,祠庙和大中型坟墓也都使用。现存的四川雅安高颐墓阙(图 1-17),形制和雕刻十分精美,是汉代墓阙的典型作品。汉代以后的雕刻、壁画中常可以看到各种形式的阙,到了明清两代,阙就演变成现在故宫的午门。其他常见的富有艺术性的衬托性建筑还有宫殿正门前的华表、牌坊、照壁、石狮等。

这种以庭院为基本单元,通过轴线组织序列空间,体现简明的组织规律和严格的等级制度,创造丰富的建筑群空间是中国建筑群组织的主流,辅以自由布局的空间组合,如布达拉宫(图 1-18)、苏州园林(图 1-19)、南京城市建设等典型实例,形成了完整的建筑群组合体系。

图 1-18　布达拉宫

图 1-19　苏州园林的建筑布局

（四）大胆强烈的原色在古建筑中得到成熟运用

中国古建筑在装饰中最敢于使用色彩也最善于使用色彩。油漆彩绘源于对木构件具有保护作用。经过长期的实践，中国建筑在运用色彩方面积累了丰富的经验，很善于运用鲜明色彩的对比与调和。房屋的主体部分，即经常可以照到阳光的部分，一般用暖色，特别是用朱红色；房檐下的阴影部分，则用蓝绿相配的冷色（图 1-20）。这样就更强调了阳光的温暖和阴影的阴凉，形成一种悦目的对比。朱红色门窗部分和蓝绿色的檐下部分往往还加上金线和金点，蓝绿之间也间以少数红点，使得建筑上的彩画图案显得更加活泼，增强了装饰效果。一些重要的纪念性建筑，其下衬以一层乃至好几层雪白的汉白玉台基和栏杆，在华北平原秋高气爽、万里无云的蔚蓝天空下，它的色彩效果是无比动人的（图 1-21）。当然这种色彩风格的形成，在很大程度上与北方的自然环境有关。因为在平坦广阔的华北平原地区，冬季景色的色彩是很单调的，在那样的自然环境中，这种鲜明的色彩就为建筑物带来活泼和生趣。基于相同原因，在山明水秀、四季常青的南方，建筑的色彩一方面为封建社会的建筑等级制度所局限，另一方面也是因为南方终年青绿、四季花开，为了使建筑的色彩与南方的自然环境相调和，它使用的色彩就比较淡雅，多用白墙、灰瓦和栗、黑、墨绿等色的梁柱（图 1-22），形成秀丽淡雅的格调。此外，色彩经过长期的运用和实践，亦烙上封建等级制度的烙印。

图 1-20　颐和园牌坊色彩的运用

图 1-21　北京故宫太和殿　　　图 1-22　江南园林中的粉墙黛瓦

第三节　传统建筑的分类

　　中国传统建筑具有多种多样的类型,按照其功能划分,一般可以分为民居建筑、宫殿建筑、坛庙建筑、宗教建筑、园林建筑、陵墓建筑、城市建筑、设施性建筑等。

一、民居建筑

　　民居建筑是人们满足最基本的生活需要所营建的居住性建筑,是历史上最早出现的建筑类型。我国民居建筑受环境、气候、民俗文化、经济、礼制等因素影响,在风格上和工艺做法上有较强的地域性。

　　中国传统民居多以院落式为主。房屋多单层也有多层建筑。山区、丘陵地区的民居依地形而建;江南水乡多临水而建,组合灵活；西北地区有窑洞式民居；福建地区有土楼式民居等等。

中国传统民居常见形式：

（1）院落式：如北京的四合院，山西民居的乔家大院、王家大院、常家庄园等，皖南徽派院落式民居，河北及江、浙等地的院落式民居（图1-23、图1-24）。

图1-23　北京四合院

图1-24　山西乔家大院

（2）山区、丘陵地区民居建筑形式多样：如福建永定的圆形、方形土楼，浙江、湘西、贵州等地的村寨民居，贵州、四川等地的吊脚楼等，形式多样，但都依环境因地制宜营建（图1-25、图1-26）。

图1-25　福建土楼

图 1-26　吊脚楼

（3）江南临水民居：如浙江西塘、乌镇、南浔,江苏的周庄、同里、角直的沿河临水而建的民居,湘西凤凰城临河民居等(图1-27、图1-28)。

图 1-27　西塘古镇

图 1-28　湘西民居

（4）窑洞式民居：如河南、山西、陕西的窑洞式民居建筑(图1-29)。

图1-29 窑洞

二、宫殿建筑

宫殿建筑是古代专供贵族和皇帝使用的建筑。这些建筑都是集中了当时技术最高超的工匠,使用了最好的材料,花费了大量的人力和财力建造起来的。所以它们的规模最大、最华丽、最讲究,可以说代表了那个时期建筑技术和艺术的最高水平(图1-30)。

图1-30 沈阳故宫

三、坛庙建筑

坛庙建筑是一种礼制性建筑。人类还处在原始社会时期,由于生产力水平的低下,生存经常会遇到天灾的侵害和野兽的袭击,当时又不可能科学地认识这些现象,于是将希望寄托在一种神灵的保护上。礼制性建筑,广义地说,就是为这些图腾崇拜、祭祀天地提供的场所,为拜佛、敬真主举行仪式的地方。坛庙建筑大体可分为三种类型：一是祭祀自然界天地山川和帝王祖先的坛庙；二是纪念历史上有贡献的名臣名将、文人武士的祠庙；三是大量存在于民间的，为祭祀宗祖的家庙祠堂（图1-31、图1-32）。

图1-31　天坛

图1-32　关帝庙

四、宗教建筑

宗教建筑是中国古代建筑中十分重要的一个部分，它是人们从事宗教活动的主要场所，具体包括佛教的寺、塔、石窟寺，道教的庙观，伊斯兰教的清真寺等。寺庙建筑除石窟外多营建成院落式（图1-33至图1-36）。

图 1-33　莫高窟

图 1-34　登封少林寺

图 1-35　北京东岳庙

图 1-36　清真寺

五、园林建筑

　　园林是人们模拟自然环境而创造的景观,或者是在自然环境的基础上,经过人们加工过的空间。在这个环境里,人们身体可以得到休息,思想可以得到陶冶。自古以来,园林的形式很多,大到一个风景区、大型的苑囿和帝王的园林,小到一户人家的私家花园,乃至住宅之旁,居室前后,哪怕是很小的一块地方,布置几块山石,留出一洼水池,种以花木,也是园林。中国的五岳和四大佛山,经过历代的开发、经营成了著名的风景园林区;北京的圆明园、颐和园、北海,承德的避暑山庄都是名扬世界的皇家园林;江南苏州、杭州、扬州更留下了众多的私家花园;加上散布在全国住宅、寺庙里的小园,构成了一幅中国古代园林的丰富画卷。

园林建筑主要有:亭、台、楼、阁、榭、舫、廊、斋、轩、堂、馆、桥、坞、甬路、地面等(图1-37)。

图1-37　园林中的亭子

中国传统园林建筑可分为三类:私家园林、皇家园林、风景园林(图1-38至图1-40)。

图1-38　苏州拙政园

图 1-39 避暑山庄

图 1-40 花港观鱼

六、陵墓建筑

陵墓建筑随着古代丧葬制度的产生而逐步完备,带有浓厚的宗教色彩,正因为如此而使陵墓建筑具有相当大的特色。在这类建筑中,除了房屋本身外,还有众多的雕刻、绘画和碑帖文字,它们与建筑融合在一起,成为古代建筑中一份丰富的遗产,从侧面反映了我国古代的文化。

陵墓建筑遗存较多,但地上建筑保存的已不多,如黄帝陵、大禹陵、秦始皇陵等。现今保存较好的有北京明十三陵,河北省遵化的清东陵和易县的清西陵,辽宁沈阳的福陵、昭陵等明、清皇家陵墓(图 1-41)。

图 1-41　清东陵

七、城市建筑

　　城市建筑指的是为满足城市功能需要而修建的一些设施性建筑,包括城墙、城楼、钟楼、鼓楼以及城市中的桥梁、道路等。此类建筑全国有很多遗存,如:北京的钟楼和鼓楼,山西平遥古城城楼和城墙,湖北荆州、襄阳的古城墙和城楼,安徽寿县古城墙和城楼,河北赵县的赵州桥,苏州古城及江南水乡古城镇中很多的桥梁(图 1-42、图 1-43)。

图 1-42　北京钟楼

图 1-43　赵州桥

八、设施性建筑

设施性建筑指的是因国家和社会生活功能需要,而营造的设施性建筑或构筑物,主要是军事防御设施的长城和关隘,水利设施的堤坝、闸口,交通水运设施的桥梁、码头等。设施性建筑有很多类型,如军事防御设施的长城、水利设施的都江堰、交通设施卢沟桥等(图1-44至图1-46)。

图1-44　万里长城

图1-45　都江堰

图1-46　北京卢沟桥

九、其他建筑

（一）塔

1.塔的功能及特点

塔是中国古建筑较特殊的类型,大体量的塔是中国古建筑中层数最多、总高度最高的建筑,无论从建造工艺、技术上,还是建筑艺术和时代风格方面,都是中国古建筑不可缺少的重要部分（图1-47）。

图1-47　少林寺塔林

2.塔的类型

（1）按塔身外观形式分为楼阁式、密檐式、覆钵式,还有其他形式的单层塔、组合形式的塔、塔林中的墓塔等。

（2）塔身的平面形状有方形、六方形、八方形等。

方形:唐及唐代以前塔身的平面形状多为方形。此外还有十二角塔,但十分少见,北魏的嵩岳寺砖塔就是十二角塔的典型代表（图1-48）。

图1-48　嵩岳寺塔

（3）塔的层数：塔的层数由一层至多层，层数为单层。

图1-49 大理三塔

（二）牌楼、牌坊

1.牌楼、牌坊的功能作用

牌楼、牌坊的主要功能有昭示、引导作用，也有纪念性、装饰性功能。牌楼通常立在重要建筑群的前沿，或者在通衢大道之上，十分引人注目（图1-50）。

图1-50 宁荣街

2.牌楼、牌坊基本构造形式

牌楼既为标志性建筑，又具有表彰功名的纪念作用，所以很注意本身形象的塑造。从总体形象来看，即使是简单的二柱一间式牌楼，也可以在柱上做成一楼、二楼（即重檐）、三楼、四楼乃至五楼的不同顶部的形式；有的还可以在立柱的外侧悬挑出梁枋，下面做成不落地的垂花柱，更增加了外形的变化。在四柱三间、六柱五间的牌楼上，顶部变化更加丰富，除了楼顶数不同之外，还有悬山、歇山、庑殿各种式样的不同,以及单檐、重檐,柱子冲天不冲天等等的变化,从而使牌楼产生各种不同的形象(图 1-51)。

图 1-51 四柱三楼牌坊

(三)书院、学府

书院是封建社会环境下,由民间著名学者或文人雅士创建或主持的高等级私人学府,是为聚书、讲学、学术研究营建的场所。书院多建在环境清幽之处,如岳麓书院、嵩阳书院、应天书院、白鹿洞书院,是中国古代四大书院(图 1-52、图 1-53)。

图 1-52 岳麓书院

图 1-53 嵩阳书院

　　学府是清代以前朝廷官学的场所。古代官学教育体系中的最高学府和教育管理机关,称国子监,如现存的北京国子监。国子监院落规整,中轴线上设置重要建筑,中轴线两侧对称布置其他建筑,主要建筑为辟雍(图1-54)。

图1-54　北京国子监辟雍

第二章 | 古往今来——传统建筑的脉络梳理

中国建筑有其深厚的文化底蕴和历史传统，至今还耐人寻味，震撼着人们的心灵。本章旨在梳理传统建筑的脉络，探究中国传统建筑的古往今来。

第一节　传统建筑的创立时期

一、原始建筑的萌芽与发端

原始的建筑的形式其实就是洞穴，通过洞穴中的岩画、灰烬以及农作物可以推断出古人的起居就是在洞穴里完成的。我国的穴居地点主要集中在浙江、贵州、北京、江西、江苏、广东等地。随后发展成半穴居建筑，最后发展成地面建筑。

（一）黄河流域的穴居"建筑"

黄河流域黄土地带的穴居及其以后的发展是中国土木混合结构建筑的主要渊源。穴居的发展大致分以下几个环节：原始横穴居—深袋穴居—袋形半穴居—直壁半穴居—地面建筑。这个过程早在母系氏族公社时期就已经完成。原始的穴居是对自然穴居的简单模仿，就是在黄土的崖壁上挖出横穴。由于这种方式最易于操作且经济实用，所以，许多早期的穴居形式在不断的发展中逐渐被淘汰掉了，但横穴却在不断发展的基础之上保留了下来,这种横穴的现代形式就是窑洞。

在穴内部有洞痕,可能用来放置梯架一类的木支柱,再在穴顶部覆以树叶、草类以避风雨。由于横穴居受地形的限制,在没有垂直天然崖壁的地方就无法开挖,加上横穴上部的黄土假如没有一定厚度穴顶就容易塌落,经过不断地尝试和演变,深袋穴居出现了。这种深袋穴居是在地面上开一小口,垂直下挖超过一人高度,并扩大内部空间,从穴底和穴壁设支柱和登梯的梯架,顶部斜架椽木,再以树叶和茅草土封住。因整个穴形呈袋状而以此得名。此后经过不断实践,人们为了更好地防风防雨和出入的方便,穴口顶部便发展成为了扎结成型的活动顶盖,由于这种顶盖要经常移动还是很不方便,在长期的使用和摸索中,搭建在穴口上的固定顶盖出现了。从地面上看,这种固定顶盖就像是一个个的小窝棚。

图2-1为郑州大河村F1-4遗址平面及想象复原外观。在概述中已经提及穴居形式紧随以后的发展形式就是半穴居,这是文明发展进程带来的结果。但是在商、周遗迹中依然有这两种建筑形式,这其实不是历史的倒退,很有可能是阶级对立所造成的现象。

图2-1 郑州大河村F1-4遗址平面及想象复原外观

图2-2为陕西临潼姜寨发现的仰韶村落遗址。从这幅平面图中可以看出,一些大房子周围环绕布置一些小房子,这也是阶级对立的结果。

图 2-2　陕西临潼姜寨发现的仰韶村落遗址平面

　　龙山文化的住房遗址已有家庭私有的痕迹，出现了双室相连的套间式半穴居，平面成"吕"字形。随着棚架制作技术的提高，当人们制作出又大又稳定的顶盖的时候，竖穴的深度也随之变浅了。以前的袋形穴就用于储藏了，这时的人们开始进入直壁半穴居期。这种形式的住所不仅出入方便而且利于通风和防潮。这样，建筑就开始了从地下到地上的过渡。在距今六七千年前，位于黄河流域的母系氏族公社达到全盛期。其中以西安半坡村所发现的遗址为代表（图 2-3 ），这个时期的西安半坡遗址直接反映了由直壁半穴居到原始地面建筑的转变。

图 2-3　西安半坡村遗址博物馆

　　从被发现的半坡大型氏族聚落来看，半坡建筑的发展大致可表述为：从半穴居形式到地面形式，再到地面建筑内部按功能分隔空间形式这样三个阶段。半坡遗址整个聚落的特点是，分居住、陶窑和墓葬三区。半地下和初级的地面房屋环立在位于部落中心的广场周围，面向广场有半穴居的大房子，估计是氏族聚会的场所。整个聚落的周围还有壕沟以备防御之用。

半坡村的房屋有方形和圆形两种形式。方形的多为半穴居形式,通常是在地面上挖出 50～100 厘米深的凹坑,四壁或排列木桩或用泥墙构成,住房内部竖四根木柱以支撑屋顶,并且有了区隔单独空间的格局。这是已知最早的"前堂后室"的布局。圆形房屋一般是建造在地面上的形式,四壁是用编织的方法以排列较密的细枝条加以若干木桩间隔排列而构成的,有两坡式的屋顶。这种用柱网组成房子的模式已经显现出了"间"的雏形。这种建造于地面的建筑不仅提高了住房的舒适度,而且也扩大了住房的内部空间。此外由于木材的使用也促进了人们对木构架的认识以及相关技术和经验的增长,也为以后土木混合建筑的发展奠定了基础。

(二)长江流域由巢居发展而来的干阑式建筑

长江流域水网地带的巢居及其发展是中国干阑式木结构和穿斗式木结构的主要渊源。大约 7000 年前,该地区为沼泽地带,气候温暖而湿润,巢居就以其特有的优越性成为这类地区的主要建筑。巢居大致可分为单树巢、多树巢和干阑建筑三个发展阶段。

1. 巢居的记载

在我国古代文献中,曾记载有巢居的传说,如《韩非子·五蠹》:"上古之世,人民少而禽兽众,人民不胜禽兽虫蛇,有圣人作,构木为巢,以避群害。"《孟子·滕文公》:"下者为巢,上者为营窟。"因此有人推测,巢居也可能是地势低洼潮湿而多虫蛇的地区采用过的一种原始居住方式。地势高亢地区则营造穴居。

原始的巢居看起来就像一个大鸟巢,因为它只是在树的枝杈间用枝干等材料构成一个窝。再向后发展,产生了用枝干相交构成的顶篷。为了有更宽阔和平整的居所,人们开始在几棵相邻的树木之间制造居所。但是,寻找地点适宜、相邻几棵树木距离又理想的自然条件的确不易,随着人口的增加,再单纯依靠树木已经不能够满足人们的需要,于是人工栽立桩柱,其上建房的形式诞生了。由于这种方式对木构架的技术要求较高,因此木构件由原始形态发展到了人工制作阶段。现在发现的那个时期的木构件已经有了各种榫卯结构,一些地板还有了用于拼接的企口。以浙江余姚市的河姆渡母系氏族聚落为代表,它遗留了大量的干阑长屋木构,这些木构和各种榫卯表明当时的建筑技术已经比较成熟。

2. 干阑式建筑的形成

所谓干阑式建筑就是在地面打入较密的桩子作为地基,再在上面建筑房屋的建筑形式,这种形式在我国现在的西南和东南地区以及台湾的南部仍被采用。这种结构再向前发展,一种情况是,下部的空间被扩大,逐渐人们在二层以上居住,防止野兽的侵袭,这就形成现在的干阑式住宅。但是底层的木柱不再埋入地下,而是直接竖立在地面上。另外,所有的干阑式住宅都在室内保持火塘这样一种兼饮食兼崇拜的设置。另一种情况是,人们逐渐到地面层来生活,但房屋的木构形式为一柱承一檩,这样就发展成了穿斗式房屋。

图2-4是浙江余姚河姆渡村的遗址博物馆,这里发现了建筑的榫卯技术,而且这些榫卯还是用石器等工具加工而成的。在黄河流域中,多为穴居、半穴居建筑形式或者用木桩支撑建立屋顶,而在长江流域出现了干阑式建筑,也说明这一地带的木结构建筑技术要高于黄河流域。

图2-4 浙江余姚河姆渡村遗址博物馆

远古时代的人由于生产和生活限制,都采用群居的生活方式。这就产生了多座建筑组合而成的聚落。这些聚落不是随便形成的,在建造之前对于聚落的选址、布置、分区和防御性都做了规划,这在母系社会时期的遗址中已经得到了验证。这些聚落就成了后来城市的雏形。我国最早出现可称之为城的时期是在父系氏族社会的中后期,那时由于生产的发展和物质水平的提高,聚落的密度和区域面积都有了较快的发展。在居住建筑方面,与母系社会时期的房屋相比,在房屋的用料、结构、室内布局等方面都有了新的变化。室内已经多用白灰面的墙面,且有以泥墙为隔的小房间,房内有火塘和灶,房屋面积也有所减小,人们多以小家庭形式居住在一起。再由若干小家庭形成部落。由于私有制的建立和权力的集中以掠夺为目的的战争时有发生。出于安全的需要,人们开始在聚居地的周围筑城,原始的城市由此而出现了。

原始城市从分布上来看,表现为在一定的区域内相对集中。这些城市的组合形式要么是联合型的,要么是主从型的。因此就造成了古城规模的大小不一。因位置的不同,古城的平面形式也有很大差别,有矩形、圆形、梯形等多种形状。总的来说,它们都能因地制宜,建造出适合当地的城市。这种因地而异的造城方法一直沿袭了下来,成为我国古代城市建设的特色之一。

随着近年考古工作的进展,祭坛和神庙这两种祭祀建筑也在各地原始社会文化遗存中被发现。

随着私有制和阶级对立的出现,城市也逐步孕育萌生。从全国各地原始社会遗址可以看出,许多聚落在居住区的周围都环以壕沟,以提高防卫能力。到龙山文化时期,在聚落外围构筑土城墙的现象已较普遍,把挖壕沟与筑城墙结合起来,构成壕与城的双重防御结构,显然比单有壕沟进了一步。这种有城墙的聚落规模也日益扩大,如湖北天门县石家河古城。

二、夏商建筑风貌

(一)夏朝建筑考究

夏朝大约在距今 4000 年前,是我国历史上的第一个朝代。夏朝农业生产居于主要地位,手工业发展表现为工具制作更为精细,还出现了少量的铜器。

我国古代文献记载了夏朝的史实,但考古学上对夏文化尚在探索之中,由于在已发现的遗址中,未出现过有关夏朝的文字证据,因此,究竟何者属于夏文化,往往引发意见分歧,例如河南登封王城岗古城址、河南淮阳平粮台古城址、山西夏县古城址等,都曾被认为可能是夏代所遗,但后来又判定为原始社会后期之物。

有不少考古学家都认为,河南省偃师市二里头遗址应该是夏朝末期的都城——斟鄩(图 2-5)。在此处遗址中还发现了大型的宫殿以及中小型的建筑,有数十座之多。其中,一号宫殿的规模是最大的,建筑的夯土台残高大约有 80 厘米高,东西长度约为108 米,南北长度约为 100 米。夯土台的上方有一座面阔达 8 间的殿堂,周围还有回廊环绕,南面有门的遗址,反映出了我国早期时封闭庭院大致的面貌。

图 2-5　河南偃师二里头宫殿遗址

(二)手工业的发展与商朝建筑

公元前 16 世纪建立的商朝以河南中部黄河的两岸为中心,

向东直到大海,向西直到陕西,向南抵达安徽、湖北一带,向北达到了河北、山西、辽宁地区。在商朝建筑技术水平有很大的提高,这主要得益于手工业的发展、生产工具进步及奴隶劳动的集中。到目前为止,考古界已经发现了多座商朝前期的城址。其中一座为郑州的商城,考古学家认为,这座古城应该是仲丁时的隞都。城墙的遗址周长约为 7 千米。城内中部偏北高地上有很多面积较大的夯台基,这或许就是宫殿、宗庙的遗址。城外还散布了制造陶器、骨器与冶铜、酿酒等手工作坊,还有一些是奴隶们居住的场所——半穴居窝棚。

商朝后期迁都到殷(今河南安阳),殷的遗址范围大约是 30 平方千米,中部紧靠着洹水的曲折处建设了宫殿,西面、南面都有制作骨器、冶铜的作坊区,北面、东面是墓葬区。城中的居民则散布于西南、东南或者洹水以东的区域,但是墓葬区中也有居民点及作坊遗址的散布,宫殿区同时还发现有作坊与墓葬,这些区域似乎表明,在商朝殷都并没有太过严格的区域划分。

三、西周建筑的发展

西周时期最具有代表性的建筑遗址要数陕西岐山凤雏村早周遗址与湖北蕲春的干阑式木架建筑。

(一)陕西岐山凤雏村的早周遗址

这个遗址实际上是一座十分严整的四合院式结构,由二进院构成。在院落的中轴线上依次分布了影壁、大门、前堂、后室等。前堂和后室之间采用廊子作连接。门、堂、室的两侧是通长的厢房,把庭院围成了一个相对的封闭空间。院落的四周还有檐廊环抱,房屋的基址下设有排水设施和卵石叠筑的暗沟。这时的屋顶已经使用了瓦。建筑的规模虽然不大,但却是我国已知最早、最严整的四合院。在院落的西厢出土了筮卜甲骨多达 17000 余片,据此可以推测出这是宗庙遗址。

　　瓦的发明和使用是西周时期在建筑方面取得的重要成就,让西周的建筑从之前"茅茨土阶"的简陋状态一跃进入到相对高级的阶段。

(二)湖北蕲春的干阑式木架建筑

　　这个建筑遗址散布于一处达5000平方米的范围内,建筑的密度很高。遗址上留有大量的木柱、木板和方木,并且还有木楼梯的残迹。所以,据此推测应该是干阑式建筑。已经判明面阔是4间、5间的房屋就有4幢之多。

　　根据《考工记》中记载所绘的周王城图(图2-6)是通过这幅图我们可以看出,从此时起,方形的城市平面与泾渭分明的城市街道所构成的城市面貌被以后历朝历代所沿用,形成了我国独特的城市布局和结构。

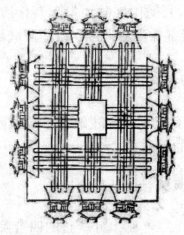

图2-6　周王城图

四、春秋、战国建筑

　　从春秋末期,我国社会开始了向封建社会的转变,到战国时代封建制度逐步确立。因而春秋和战国是中国社会发生巨大变动的时期,这种社会发展的状况必然导致建筑在形式、技术等各个方面的进步。

（一）春秋时期建筑

西周有了分封土地给其他贵族和大臣形成诸侯国的制度。随着诸侯的势力不断扩大，到了战国初期已形成各个诸侯分立割据称王的局面。因此，周代的建筑无论从建筑的范围和建筑特色上来说都非常丰富。由于民居的用料和结构都很简陋，所以遗留下来的也很少，缺乏代表性，因此这里主要以宫室建筑为主作论述。

按照当时的等级制度，周代的宫室建筑也有所不同，但其共同的特点是：宫城建在大城中，宫殿按照中轴线前后依次建设，且已形成了"前朝后寝"的格局，有的还在王宫左右设有宗庙。从西周早期的建筑—陕西岐山凤雏建筑遗址可以充分地看到当时的建筑风格。

这座建筑是宫室还是宗庙，目前还存在很大的争议，但是从建筑本身来看，不论在其整体布局还是建造技术等方面都具有典型的代表性。它建造在夯土台基上，整体呈长方形，是整齐的两进院格局。从南至北在轴线上依次坐落着屏、门屋、前堂、穿廊、后室，东西两侧以贯通南北的厢屋相连。整个建筑外垣用夯土墙内植木桩的方式围合而成，并发现有陶制排水管。这个建筑群落颇具四合院的样式，由此可知，四合院在我国应该有3000多年的历史。这个建筑第一次出现了置于门前的"屏"，也就是后来的照壁。第一次呈现出明确的"前堂后室"格局，成为以后宫殿格局的基础。另外在这组建筑的遗址中还显示，柱子在纵向上成列，横向则有较大错位排列，加上还发现了少量的瓦，因此可以推断，当时的房屋可能是以纵架和斜架支撑，以夯土筑墙，屋顶部分用瓦的形式建成。由于以上种种的先例和特色，凤雏建筑遗址在我国的建筑史上具有里程碑式的意义。

近年对春秋时期秦国都城雍城（遗址在今陕西凤翔县南郊）的考古工作有了重大的进展：雍城平面大体上呈一个不规则的方形，每边的长度约为3200米，宫殿和宗庙都位于城中偏西方向：其中的一座遗址是门、堂构成的四合院，中庭的地面下还有很多密集排列的牺牲坑，是典型的祭祀性建筑标志。图 2-7 为雍城宫室复原图。

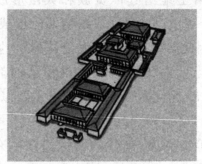

图 2-7　雍城宫室复原图

秦国的陵墓则分布在雍城南郊东西约 5 千米、南北约 25 千米之间的一大片区域内，已经钻探发现了 18 座主要墓葬，分别布置在用隍壕环绕起来的 13 个陵园内。陵园不用围墙而用隍壕作防卫（城堑有水称为池，无水称为隍），可以说是秦陵的一种特色。类似的陵园区在陕西临潼骊山西麓，那是秦都东迁后战国时期诸秦公（王）的陵墓区，通常称为秦东陵（秦始皇的陵墓则在骊山北麓）。

（二）战国时期的建筑

在战国时期的《考工记》对周王城的记载中，可以清楚地描绘出当时都城的样子：方形，分内城与城郭两部分，内城居中，四面各开三座城门，城内有横纵各九条街道垂直相交，并明确地显示了内城为宫城、外城为民居的格局。这说明当时的城市规划和建设已达到相当高的水平，其中宫城居中和方格网似的街道布局方式也成为以后历代都城的建设模式。

我国古人向来有"重殓厚葬"的传统，这在周代表现得也很突出。周代的墓葬大都依血缘和宗族群葬，分为公墓和邦墓。前者是王室和贵族的墓地，后者是平民的墓地。这些墓从形状上来看，都采用矩形，从墓穴本身来看，分墓室的大小、封土的深浅以及有无陪葬物等多种制式。西周早期墓穴都不封土,到西周末才逐渐封土并形成定制,以后还发展到在封土上建祭台和祭堂,陵墓外建陵垣等形式。从等级制度和建筑材料上来看,分土圹木椁墓、石墓、空心砖墓以及崖墓等。以土圹木椁墓为最高等级,为帝王贵族所沿用。

另外墓中的棺椁层数和陪葬的礼器也是区分等级和墓主身份的重要参照物。以礼器为例,一般平民的随葬品只有陶器和少量铜器,而贵族则以铜器为主。西周中后期还形成了以鼎和簋为主的礼器制度,对礼器的数量和制式都做了严格的规定。随葬之物一般都放置在棺内和椁内,但也有另置陪葬墓的。这些各具特点的墓穴也反映了当时的风俗习惯、建筑技术水平等社会形态。

春秋至战国是社会发生巨大变动的时期,到战国时已经形成七个国家分治天下的局面。随着社会分工细化,社会生产力有了较大发展,各地诸侯国日渐强大,各国的城市随着经济的繁荣,人口的增长,规模也加大了,如齐国的临淄[①],由于盐业和手工业的发展,已经有了“车毂击,人肩摩”的繁盛局面。位于今河北境内的燕下都[②]遗址,是已知的周代诸城中最大的,在它的东城民居和手工业作坊区中有冶铁、兵器及金属货币等多种手工业的制造作坊。

由于农业、手工制造业和商业都进入大发展时期,春秋战国时期出现了一系列的铁制工具并被广泛运用。这就为制作复杂的榫卯和花纹雕刻提供了有利条件,加上瓦的发展和砖的出现,又极大地带动了建筑的发展,表现为:木构建筑的艺术水平和加工技术有了很大的提高加快了施工效率,从而可以兴建较大规模的宫室和高台建筑。统治阶级出于炫耀权势地位和满足奢侈的

---

① 根据考古发掘得知,战国时齐故都临淄城南北约5千米,东西宽约4千米,大城内散布着冶铁、铸铁、制骨等作坊以及纵横的街道。大城西南角有小城,其中夯土台高达14m,周围也有作坊多处,推测是齐国宫殿所在地。
② 下都(在今河北易县),位于易水之滨,城址由东西两部分组成,南北约4千米,东西约8千米,东部城内有大小土台50余处,为宫室与陵墓所在。西部似经扩建而成。

需要,兴建了大量的台榭建筑。台榭建筑的特点是以阶梯形的土台为核心分层建木构房屋,带回廊并且出平台并伸出屋檐。这就对木构件的结构样式、制作方法和组合方式都提出了更高的要求。据战国出土的铜器显示,这时的台榭建筑已经出现了勾栏、斗栱、出檐等形象。从河北省境内发掘出土的战国中山王墓铜版图上所刻的陵园平面图上,可看到这块兆域图所显示出的宏大规模和气势,说明战国时期对大型组群的规划和设计已经达到很高的水平了。

由于春秋战国时期战争频繁,各个国家出于战争防御的目的,竞相修筑长城。长城是最为人们所熟知的防御设施,一般人们认为它是建造在北方防御外族入侵的屏障,其实早在春秋时期楚国就已经在今河南境内修筑长城了,其建筑目的是为了防御别国的进攻。到了战国时期,由于各国间的战事频繁,各个国家都开始修筑长城以自保了。长城的建筑形式因地区而有所不同,平原地区的战国长城,以夯土墙为主,建于山地的,多以在天然陡壁上加筑城墙的方式构成;还有的城墙是用石头砌成的。长城上的防御体系比较完备,由烽燧、戍所、道路等部分构成。各国所建长城中,燕国长城的北段最长,它西起今河北张家口西,经河北北部沿内蒙古东南至辽宁省阜新、开原一带,过辽河后折向东南又经新宾向东,直到朝鲜半岛上。中原一带的长城在秦朝统一天下后多被夷为平地,只有燕国和赵国北疆的长城因被秦朝沿用而遗留了下来。

第二节　传统建筑的成熟时期

一、大兴土木——秦朝建筑

秦始皇统一全国之后,在国内进行改革,分别从政治、经济、文化方面做了努力:统一法令,统一货币,统一度量衡,统一文字,修建了可以通达全国的驰道,并且还修筑了长城来抵御北方的匈奴。这些有力的措施对巩固封建国家的统一,起到了积极的作用。同时,他还集中了全国的人力、物力以及六国的建造技术,在咸阳修筑了秦都城、宫殿和自己的陵墓,历史上比较著名的阿房宫、秦始皇陵(骊山陵)遗址,到现在依然还能清晰可见。

现在所能看到的只有阿房宫残留的长方形夯土台和秦瓦了,但即使是这样,它的面积也有北京紫禁城那么大,可见当年阿房宫宏大的气势和富丽的景象是我们后人难以想象的(见图2-8)。近年在秦始皇陵的东侧发现了大规模的兵马俑队列的埋坑。阿房宫留下的夯土台东西约1千米,南北约0.5千米,后部残高约8米。

图2-8　秦阿房宫遗址

秦始皇陵位于今陕西省临潼的骊山附近:经航空测定为以南北长轴为基准建立的矩形陵城。因陵内大部分建筑都是坐西朝东,因而该陵墓的主轴线为东西向,且主要陵门在东侧。有内外两层城垣,城垣由夯土构筑,四角建有角楼和陵门。内城有大型建筑的基址,据考证应为寝殿和便殿等建筑群。另外在外城西门以北还发现有三组建筑基址,从出土的金银编钟和铜灯残片来看,这个建筑群有着非常重要的用途。外垣以外分布着陵园陪葬墓、陵园铜车马坑、随葬坑、兵马俑坑、刑徒墓葬和建材加工场等。整个陵园布局合理,充分显示了我国皇室建筑的布局传统,构思缜密。由于整个皇陵建于骊山脚下,因此在陵园外修建了防洪大堤,以保证陵园和各附属设施的安全。图2-9为秦始皇陵图片。

图 2-9　秦始皇陵

　　秦朝所建的离宫别苑众多,但大多都已无从考证了,这里以"美女石"宫室建筑群遗址为例来分析其特色。这个遗址坐落在辽宁省绥中县的沿海一带,为了最大限度地满足统治者消暑观景和长寿永生的求仙欲,所以主要建造在临海的台地和岩石上,总体布局是根据地形分为三个台面,全部建筑依等级和功能分置其上。以主体建筑石碑地宫为中心,其东北是供皇帝起居的场所,西侧是官吏和其他人员的住所。再在四周环以垣墙,在皇帝的居所等重要地区还另筑第二、第三道围墙。从遗址我们可以看到,整个离宫的建筑分布得错落有致,突出了主体建筑的地位。

　　秦朝的历史短暂,城市多承袭周代已有的城邑,但秦朝的城市早已被人为和自然等因素所毁坏,而相关的记载也很少,所以对于秦朝的都城我们不是很了解,只能从城内的布局大致描绘出整个城市的结构。在渭水以北和以南是宫室部分,宫室又分为正宫、别苑和六国诸侯的宫室,宫区东部和西部有手工业作坊区,从位置上看东部的作坊应该是为宫廷服务的官营作坊,又从西区发现的众多水井来看,这一区的制陶业应十分发达。此外在手工业区内还发现了数量和布置方式不同的陶制排水管,分为多种形式。

由于秦国在营造宫室上追求大规模和大气势,所以作为我国历史上的第一个皇帝的陵墓,秦始皇陵不但以其前所未有的超大规模和恢宏的气势震惊世界,就其格局和形制来说也是古代帝王陵墓的典范。

长城起源于战国时诸侯间相互攻战自卫。地处北方的秦、燕、赵为了防御匈奴,还在北部修筑长城。秦统一全国后,西起临洮,东至辽宁遂城,扩建原有长城,联成3000余千米的防御线。秦时所筑长城至今犹存一部分遗址,如图2-10所示。以后,历经汉、北魏、北齐、隋、金等各朝修建。现在所留砖筑长城系明代遗物。

图2-10　秦长城遗址

二、演变与成熟——汉代建筑

汉代的长安城是在秦代咸阳城原有的兴乐宫的基础上加以完善建立起来的。之后汉高祖又兴建未央宫,未央宫是西汉时期长安最主要的宫殿之一。惠帝继位后,将秦代的兴乐宫改建为长乐宫供太后居住,随后又修筑长安城墙。及至汉武帝时,国力昌盛,更是大兴土木,长安先后新建明光宫、建章宫、苑囿、明堂等大型建筑,将长安的建设推至极盛。图2-11为汉长安城遗址。

图 2-11　汉长安城遗址

由于长安是在秦代原有宫殿基础上扩建而成的,再加上城北靠近渭水,所以长安城的城市布局是不规则的,主要宫殿未央宫偏于西南侧,正门向北,直对横门、横桥,形成一条轴线。大臣的居住区以及衙署在北阙外;大街东西两侧还分布着9个市场;未央宫的东阙外是武库(藏兵器)和长乐宫。这两座宫殿都位于龙首原上,是长安城中地势最高之处,向北靠近渭水地势渐低,布置着北宫、桂宫、明光宫以及市场和居民的闾里。由于几座宫殿是陆续建造的,因此比较分散,每座宫殿都有宫城环绕,宫城内又是一组组的殿宇,是在大宫中有小宫和林木池沼的布局方式。考古发掘及文献记载表明,长安城内用地绝大部分被五座宫城所占,而记载有闾里160个,但宫殿以外所剩地面已有限,不可能容纳这么多居住闾里,所以多数闾里应在外郭中。

整个汉代处于封建社会上升时期,社会生产力的发展促使建筑水平显著进步,形成我国古代建筑史上又一个繁荣时期。它的突出表现就是木架建筑渐趋成熟,砖石建筑和拱券结构有了很大发展。

第三节　传统建筑的融汇时期

一、三国时期的建筑

汉末,由于农民起义和军阀混战,所以两汉时期三百多年的宫殿建筑被毁弃殆尽。到三国时期,由于经济的发展各国逐渐在原有建筑的基础上各自建造了都城、宫殿和陵墓,下面分别以魏蜀吴三国的宫殿、都城、陵墓等为例进行讲述。

（一）三国时期的宫殿、都城建筑

1.魏国都城和宫殿建筑——邺城

魏国的都城和宫殿等都分为两部分,即曹操时的邺城和曹丕建立魏国后的洛阳。由于邺城的布局极具代表性,且洛阳大体是按照邺城的模式进行建造的,所以这里以邺城为例讲述。

邺城大约在西汉时就被置为魏郡,已经是汉时的北方重镇了,后曹操攻克了邺城后,将其作为后方根据地。待曹操挟天子以令诸侯封为魏公后,以邺城为都城,就按都城的体制建立了宫殿和宗庙、祭社等建筑。至曹操称魏王后,就开始着手修建洛阳宫殿,后其子曹丕建魏国以洛阳为都城。故而可见,曹操并不想以邺城为都城,所以也不会按帝王的规格去修建它。

邺城平面呈长方形,南面开三门,北面开两门,东西各开一门。除北面的厩门通内苑外,其余六门都有大道通入城内,主要有五条大道组成邺城的主干道网,且干道很宽,中间还有供皇帝专用的驰道。城中有一条横贯东西的大道,把城内分为南北两部分。北部中央的南北轴线上建宫城。宫城位于北半城的西部,呈长方形,东区正门为司马门。宫城居中是一组宫殿建筑及广场,用于举行典礼,东侧为一组宫殿,前半部是曹操的宫室,后半部为官署。西侧为铜雀园,再向西沿城墙一带是仓库和马厩。在这个区的西侧稍北,凭借城墙又建冰井、铜雀、金虎三台。宫城以东是贵族居住区和行政官署区。东西轴线的南半部是一般的居民区,有三个市和手工作坊。在居民区的中央,又有一条干道与东西大道交会于宫城下门之前。相比于同期早些时候的长安和洛阳城,邺城以其明确的功能分区和规则的布局开创了自汉以来城市规划的新局面。图2-12为邺城遗址。

图2-12　邺城遗址

邺城建造时,曹操已掌握政权,所以其宫城的建造已经有了仿天子禁宫的痕迹,如按天子礼仪设的司马门、驰道等。此外还出现了一种新式的附属建筑,就是在宫城西北角设的三座堡垒高台,这也是战争频繁的三国时期政权不稳固的表现。邺城的规划布局在古代城市中有重要影响,表现为:城市有明显的分区,统治阶级与普通居民严格分开。整个城市东西主干道与南北主干道呈丁字形相交于宫城门口,这种布局方法把中轴线对称的手法从一般建筑应用到城市布局中,对后世都城的建筑有很大影响。但由于邺城是在原城址的基础上改建的,被原有面积和格局所限,又因其位置也不符合战争的需要,所以曹操在生前就打算迁都洛阳,并开始着手建设洛阳城,到了曹丕称帝后就舍弃了邺城而定都洛阳了。

2.蜀国都城建筑——成都

蜀国的都城是成都,成都早在战国时期就已经成了行政中心,并有大小两座功能不同的城池,称为大城和少城。西汉时它更是西南地区政治、经济和文化中心,并且由于城市的发展又在城外加围了一圈外城称之为郭。外郭辟有十八个郭门,居住区域广大。刘备称帝后,仍沿用大、少城并列以大城为主的格局,且在十八郭门和城楼的基础之上又添建了可登上城墙的阁楼和可以望山的长廊。成都作为蜀国的都城又在大城中加建宫室、宗庙和官署等。小城是主要的商业区,在当时也有较大的规模。但因为蜀国在三国中实力最弱,且有着光复汉室一统天下的目标,没有把成都当作正式首都来建设,所以总体建筑能力也很有限。至于其城中的具体建筑和布局因为缺少实物和史料的佐证,现在也只能了解它的概貌了。

四川高颐阙,这是一大一小的石制双阙形式,阙的顶部仿照木构雕刻可以清楚地看到斗栱和支柱等各个组成部分,是研究当时社会木构架发展状况的重要依据(见图 2-13)。

图 2-13　四川高颐阙

3. 吴国建筑

三国时期的吴国是在江南地区建立的政权,其历史虽只有 80 多年,先后却有吴(苏州)、京(镇江)、武昌、建业(南京)四个都城。这其中以建业为都的时间最长,建业也是三国时期唯一新建的都城。值得一提的是,在孙权迁建业之初,在西南部的临江高地上建了一个储存军资财物的重要的军事据点,这就是著名的石头城。孙权一生不事夸张,对都城的建设也是满足需要即可,修筑宫殿时坚持使用原都城宫殿的旧材,所以没有大规模的建筑成果。他死后,其子孙才开始修建宗庙和新宫殿。建业遗址全部在南京市区,因而早已无法实地考证,只能依历史文献描绘出它的大致轮廓。城内可分为南北两区,北部是宫苑区,宫苑区以南有三四条南北大道,主要是太子的东宫和官署和军营。由于主要的宫苑、官署、军营和仓库建筑占整个建业城的三分之二以上,所以主要的居民区和市场都集中在南门以外秦淮河两岸。这在三国时期的都城中是很特殊的。

三国时期的都城布局和城市规划对后世产生深远影响的只有邺城和建业,表现为以下几点:首先,作为维持政权生存必需的官衙、仓库等机构在都城规划中受到重视,逐渐被摆在宫前明显的位置;其次宫殿都集中在一区,如邺城只建一宫,有利于内部的稳定;再次,都城的分区较之汉代更加明确和易于管理;最后,从城市面貌上来看,其豪华程度不断增加,布局也逐渐成为一种制度,尤其以邺城和洛阳为代表,成为了以后都城的典范。

(二)三国时期的陵墓与宗庙建筑

1.三国时期的陵墓建筑

与两汉时期的厚葬不同的是,由于三国时期战事频繁,人口减少,经济凋零,又加上当时挖坟掘墓之风盛行,所以无论帝王将相还是平民百姓都没有可能,也不愿实行以前的厚葬了。在墓穴的建制上也就因循汉朝的制式没有多大的创新。

魏的帝陵主要有三座,最初曹操的陵墓还有较大的陵区,陵区内设寝殿,墓前有神道和石象生之类。但曹丕制定了薄葬制度后,拆毁了寝殿。而且在自己及以后的帝陵建造上都不设寝殿,不造陵园也不设神道了。

　　蜀国的历史短暂,只建有刘备一陵,其建制已不可考。

　　吴国孙权的陵墓在南京紫金山一带,因年代久远其建制也大多不可考,但是特别的是在吴国的一座将军墓中发现了一种在三国时为吴国所独有的墓室的砌法。这种砌法是从墓底开始砌券起,每层券自角向内呈 45° 倾斜逐渐向中央聚拢形成穹顶。这种砌法比旧时的砌法更具整体性,所以沿用到东晋和南北朝。

　　2. 三国时期的宗庙建筑

　　三国时,各国都建有宗庙,但由于蜀、吴两国庙制和具体建筑情况已没有多少历史文献可查,所以现在只知道刘备死后曾在成都建造昭烈庙,孙权死后在建业建太祖庙。而对于魏国的宗庙则记载颇多,我们只能从中概述那个时期宗庙建筑的大体特点了。

　　早在曹操被封为魏公时就在邺城建有魏宗庙,建立魏国后,在洛阳建造太庙后才将历代君王的神位迁于其中。据文献资料上记载太庙中,太祖庙居中,左右各三庙,各庙自成庭院布局。

　　三国时代的建筑留存至今的极少,只有位于四川境内的高颐阙和平杨府君阙两座石阙能给我们一些有益的参考,这两座阙在风格和构造上与东汉时期没有太大的区别。高颐阙由台基、阙身和阙楼三部分组成,严格地模仿了木构阙的形式。柱子、斗拱等部分都真实地再现了木构件的尺寸和形式,这是我们了解当时木构架建筑的重要资料。平杨府君阙大致与前者类似,不同之处在于子阙没有台基,母阙阙身的柱子为双柱形式,用双柱或四柱是古代就有的一种做法,但在现存的阙中却是独一无二的。

　　三国时期各国的建设都是在东汉末年的大规模破坏之后进行的,且各国的统治者都非常重视,于是一些新的技术出现,并且在原有基础上得到了发展。

　　对于砖石结构的运用,三国除承袭汉时主要用于墓室的传统之外,已经开始用于地面建筑了。最初多是用来建筑石室和阙,后来在曹魏时洛阳城中的高台建筑时已经有用砖砌成道路的记载了为晋朝以后用砖建造佛塔奠定了基础。

在木结构方面,也在汉代的基础上有了发展。以斗拱为例,已经开始了从单纯的挑檐构件向梁架组合为一个整体的方向转变。这一时期,斗拱呈多种过渡形式。如在栌斗上置拱,有些是把拱身直接放在柱子或墙壁上,也有的在跳头上再放一两层横拱以承托屋檐。也出现了一些全木构架的建筑,但这些建筑为了增加其稳定性,总要加土墙或土墩。这种情形一直被后世所采用,到了初唐以后才逐渐被淘汰。

二、两晋南北朝时期的建筑

佛塔,亦称浮屠,是供奉舍利,供佛徒朝拜而建的。佛塔传到中国后,经过演化,渐渐形成了体积较小的塔刹。塔刹再与中国东汉时期就已经出现的多层木构楼阁结构建筑相结合,形成了中国木塔。永宁寺塔是当时最为宏伟的一座木塔,为方形结构,共有九层。南北朝时由于佛教盛行,木塔也曾盛极一时,但现如今没有一座留存,我们只能从文献以及石窟中所雕刻的木塔形象来了解其大致样貌。除了木塔之外,石塔和砖塔也得到了发展。河南登封嵩岳寺砖塔是北魏时期建造的,是现存最早的砖塔(图2-14)。与阁楼式的木塔不同,这种密檐式砖塔仅仅作为礼拜对象,并不能登临远眺。

图2-14　河南登封嵩岳寺

石窟寺是在山崖上开凿出来的窟洞型佛寺。我国汉代时已基本具备开凿山岩的技术,这为石窟寺的盛行奠定了技术基础。石窟寺最早开凿始于 3 世纪左右的新疆,当时开凿了克孜尔石窟、甘肃敦煌莫高窟。随后,甘肃、陕西、山西、河南、河北、山东、辽宁、江苏、四川、云南等地相继出现石窟,遍布全国。这一时期较为著名的石窟有山西大同云冈石窟、河南洛阳龙门石窟、山西太原天龙山石窟等。石窟中的雕刻、壁画等成为我们研究这一时期建筑、文化等的重要资料。

第四节 传统建筑的全盛时期

一、隋朝建筑

公元 581 年,隋朝建立,结束了长期南北分裂的局面,为我国封建社会的发展创造了有利的条件。但由于隋炀帝不顾民情大兴土木、穷兵黩武,导致隋朝在建国 38 年后就灭亡了。隋朝的建筑成果主要有兴建大兴城、洛阳城等都城,修建宫殿、苑囿,开凿大运河,修筑长城。

大兴城是我国古代规模最大的城市,兴建于隋文帝时期。隋代建筑最为著名的当属河北赵县安济桥(又名赵州桥)。首先来说,它是世界上最早的敞肩拱桥;其次它结构较大,跨度 37 米,由 28 道石券并列而成,这在当时是极为罕见的;再次,它拥有当时最为先进的技术,敞肩拱桥不仅可减轻桥的自重,而且能减少山洪对桥身的冲击力。综合各种因素可以看出,赵州桥(图 2-15)是我国古代建筑的瑰宝。

除石桥外,还有大业七年所建的山东历城神通寺四门塔。

近年在陕西麟游发掘的仁寿宫是隋文帝命宇文恺等人兴建的一座离宫,唐太宗时改建为九成宫。此宫位于海拔 1100 米的山谷中,四面青山环绕,绿水穿流,风景极佳,夏季凉爽,是隋文帝、唐太宗等喜爱的避暑胜地。离宫占地约 2.5 平方千米,主体部分平面呈长方形,东西长约1千米,南北宽约300米,各殿宇由西向东展开布置,格局规整,四周有内宫墙环绕。内宫墙外又有一道外宫墙,包围着数十座殿台亭榭。依山傍水,错落布置,纯属山地园林格局,其中已发掘的37号殿址,是隋唐两代都曾使用的9开间殿宇,周廊宽敞,表现出园林建筑特有的风貌。

图 2-15　赵州桥

二、唐朝建筑技术与艺术特征

唐朝的建筑技术和艺术有巨大发展和提高,呈现出下列特点。

(一)规模宏大,规划严整

长安,作为唐朝的首都,其实是由隋代开始规划兴建的,到唐朝时又加以扩建,并使之成为当时世界上最宏大、繁荣的城市。可以说,在我国古代都城的规划中,长安城的规划是最为严整的(图2-16为唐长安城复原图),甚至影响了渤海国东京城以及日本的京都平安、平成京的规划。

图 2-16 唐长安城复原图

唐长安另一处规模较大的宫殿是大明宫,据数据显示,在不包括太液池以北的内苑地带的情况下,其遗址范围也相当于明清紫禁城总面积的 3 倍多。大明宫中较大的建筑宫殿是麟德殿,其面积大约是故宫太和殿的 3 倍。即使是其他府城、衙署等建筑,也是非常宏敞、宽广的,这在任何封建朝代都无法企及。

(二)木建筑的定型化

唐朝在木建筑标准方面开始呈现出定型化的特点。主要表现在两个方面。

(1)解决了大面积和大体量的技术问题,并定型化。大明宫的麟德殿就是唐代大体量建筑的典型代表,其面积约 5000 平方米,为柱网布置,面阔 11 间,进深大约是面阔的一倍。能够与这种大规模的建筑相匹敌的是隋炀帝在东都建的乾阳殿:面阔 13 间,进深 29 间,自地面至鸱尾高 170 尺。

(2)出现了用材制度。唐代木建筑的木架结构,尤其是斗拱部分,均以木料的某一断面尺寸为基数计算,为木构件的分工生产和统一装配打下了基础。如现存的唐代后期五台山南禅寺正殿和佛光寺大殿。

用材制度的出现,不仅有助于加速施工速度,控制木材用料,保证工程质量,同时也进一步反映了唐代建筑在施工管理水平方面的进步。

(三)建筑群处理愈趋成熟

战国的陵墓常采用 3 座、5 座建筑横向排列的方式,汉代的宗庙、明堂、辟雍、宫殿、陵墓、丞相府一类最隆重的建筑物,大都采用四面设门阙,用纵横轴线对称的办法,但长安南郊的 13 座礼制建筑仅作简单的排列,各组建筑物之间缺乏有机的组合。隋唐时期,开始注重城市的总体规划,宫殿、陵墓等建筑开始通过强调纵向上的陪衬法来加强主体建筑的突出。以乾陵为例,它不用秦汉时期堆土为陵的常用方法,而是通过利用地形,以梁山为坟,以墓前双峰为阙,以二者之间的地段为神道,并在神道两侧列门阙及石柱、石兽、石人等,用来衬托主体建筑,这种规划方法不仅省下了不少钱财,而且获得了最大收效。

(四)砖石建筑进一步发展

唐朝砖石建筑技术有了较大的发展,主要表现为砖石构筑的佛塔数量增加。隋唐时期,数量上占绝对优势的楼阁式木塔有诸多缺点,譬如容易遭火灾,无法耐久,所以砖石结构的佛塔代替木塔是必然趋势。现存的唐朝的塔全部是砖石塔。

唐朝的砖石塔可分为楼阁式、密檐式、单层塔三种。其中楼阁式砖塔是由楼阁式木塔演变来的,楼阁式的优点在于,它既可供朝拜,又可供登临远眺,而且材质耐久,著名的西安大雁塔即是楼阁式砖塔。

值得注意的是,唐朝时砖石塔的外形已开始借鉴仿木建筑,如西安兴教寺玄奘塔、香积寺塔、登封净藏禅师塔等,这反映出砖石塔在继承传统建筑样式和加工砖石材料方面又向前迈进了一步。

(五)设计与施工水平提高

"都料"是当时施工人员的称谓,他们负责公私房屋的设计与现场施工,技术熟练。当时流行在房屋墙上画施工图按图施工,房屋落成后要在房梁上记下"都料"的名字。

(六)建筑艺术加工的真实和成熟

唐代建筑的风格和唐朝国力的强大与唐朝文化的兴盛是息息相关的,从长安城、大明宫、含元殿等遗址可以总结出,唐代的建筑风格是严整的,气魄宏伟的。从现存的木建筑遗物来看,唐代建筑的结构和艺术加工是和谐统一的,没有纯粹为了装饰而加上去的构件,也没有为了装饰而忽略材料性能使之屈从装饰要求的现象。这当然也是我国古典建筑的一贯特点,但唐代建筑将之做到了极致,使之彻底成了古典建筑的传统。例如斗拱,其结构非常鲜明,无论是作为挑出的悬臂梁的华拱,还是作为挑出的斜梁的昂,都负有承托屋檐的作用。一般都只在柱头上设斗拱或在柱间只用一组简单的斗拱,以增加承托屋檐的支点。

唐代大明宫含元殿是大明宫中的外朝所在地,重檐庑殿顶单层建筑,由旁边的两阁与大殿组成。殿前长长的龙尾道共分为七段,并逐渐降低,更烘托出主殿高大宏伟的气势。

隋唐时期是中国宗教发展的重要时期,由于统治者的大力推崇,使宗教建筑成为当时建筑的一个重要组成部分。尤其是佛教,此时的佛教已不是外来的宗教,它已经成为饱含中国文化和风俗的中国式佛教,无论国家还是民间都积极致力于佛教建筑的建设。我国的佛寺与西方宗教建筑清冷严峻的风格截然相反,它兼具宗教中心和公共文化中心的双重作用,不仅平时朝拜信的徒众多,而且还经常有歌舞和戏剧的演出,加上寺院大多有雄厚的经济实力,所以当时建造的各种佛教建筑在数量和规模上都大得惊人。比如在一些里坊和村落之中虽然只有佛堂以供参拜,但因为佛堂对应的居民有时也多达五百户,所以即使是佛堂建筑通常也具有一定的规模。佛教及其相关建筑的兴盛连带了同期与其相关的附属艺术也都具有很高的水平。唐代佛寺的另一重要特点是,不仅与社会的层次上相对应有等级的差别,而且寺院在性质上也有官、庶的分别。

三、五代时期的建筑

"五代十国"时期,由于社会战乱较为频繁,破坏性相当严重。只有吴越、南唐、前蜀等地区战争较少,经济文化在唐代基础上仍有发展。"五代十国"的建筑在风格上创新较少,主要以延续唐代的传统为主,但也有一些地方的塔较之唐代有了新的发展。例如吴越、南唐的石塔和砖木混合结构的塔。^① 另外,建都于广州的南汉还铸造了铁塔 (光孝寺东、西铁塔)。

第五节　传统建筑的定型时期

一、两宋时期的建筑

五代十国分裂与战乱的局面以北宋统一黄河流域以南的地区而告终,北方地区则有契丹族的辽朝政权与北宋相对峙。北宋末年,起源于东北长白山一带的女真族强大起来,建立金朝,向南攻灭了辽和北宋,又形成南宋与金相对峙的局面,直至蒙古灭金与南宋建立元朝为止。

(一)北宋建筑艺术——汴梁

公元 955 年,原汴州城进行了扩建,城墙四周分别向外扩展了数里,并征发附近 10 余万工人,进行施工。此外,还对旧城内的街道进行了拓宽。据资料记载,分别有多种拓宽方式,如拓宽 300 多尺,180 多尺以下和 150 多尺以下,等等。街道两边 30 尺内主要用来种树、掘井、修造凉棚。后来,宋朝开国皇帝赵匡胤建立宋朝后,继续使用汴梁作为都城。到了北宋第六位皇帝宋神宗继位期间,重新修建了外城 (罗城),并修建了瓮城和敌楼。公元 1116 年,宋朝第八位皇帝赵佶又对外城进行了扩展,并修筑了官府和军营。

宋东京(又称汴梁)是由州治进行扩展而来的,州衙改为宫城,州城修成都城,外面有包围了一圈罗城。虽然宋朝初期对宫城东北隅进行了扩展,但宫城的规模还是小于唐朝,城周围只有 5 里左右,面积约为唐朝宫城的三分之一左右;罗城总面积也只有

---

① 石塔如京栖霞山舍利塔、杭州闸口白塔与灵隐寺双石塔;砖木混合结构的塔如苏州虎丘云岩寺塔、杭州保俶塔等,都是在唐代砖石塔的基础上进一步仿楼阁式木塔。

长安城的 1/2 左右。但是,它在设计时考虑了城市各阶段的发展现状,并根据现在进行扩建,因此相对于唐朝来说,宋初的建筑密度较大,土地的使用率也较高,还专门对防护问题进行了考虑。[①]

宋东京的宫城前御街较为宽敞,两边修有御廊,街面还使用木栅栏隔成了三股道,二侧为御沟,中间为皇帝御道。城内设有许多河流,如金水河、蔡河、五丈河、汴河。其中,汴河是远通江南的专用渠道,其水运比洛阳更为畅通,各地租船、商船都可直达城内停泊。北宋画家张择端就在《清明上河图》中描绘了汴河中运输繁忙的景象,如图 2-17 所示。[②]

图 2-17　《清明上河图》

官府衙署一部分在宫城内;一部分则在宫城外,和居民杂处,不如唐长安集中。城内还散有许多军营和各种仓库 50 余处。在都城东北酸枣门和封丘门间,有宋徽宗经营的艮岳,罗城西城外有琼林苑、金明池,东城外有东御苑,南城外有玉津园,北城内有撷景园、撷芳园等苑囿。

东京的桥梁以东水门 7 里外汴河上的虹桥最为特出,是用木材做成的拱形桥身,桥下无柱,有利于舟船通行,宋张择端《清明上河图》即绘有此桥。这种虹桥在城内汴河上还有两座,表现了

---

① 北宋时就设立了专门的消防队和瞭望台,街道也不像长安城那样砥直,反映出改建旧城的特色。

② 从图中可以看到,罗城内沿河有仓库区,都城内沿河有客店区,供南方官员、商贾住宿。在封丘内马行街二侧,还布满各种医铺、药铺,包括口齿咽喉、小儿、产科等。传统的里坊制在这里已被彻底废除,代之而起的是到处布满繁华街市的不夜之城,这是中国城市发展史上的一大进步。

宋代木工在结构技术上的创造。

宋东京人口虽无准确记载,可推算当时人口约在百万以上。[①]东京遗址被历代黄河洪水淤没于地下,所幸文献资料比较丰富,尚能了解它的概貌。近年对外郭的勘探,使罗城的轮廓与范围进一步明确。

(二)南宋建筑水平的提高

北宋在政治上和军事上处于我国古历史上最为微弱的朝代。其对辽、金的要求通常以满足、退让为政策,对内部人民则进行了许多控制和限制。但在经济上,北宋的农业、手工业和商业相对于唐代来说有了进一步发展,科学技术也有了较大的进步,出现了许多新发明,如指南针、火药、印刷术的出现,直接推动了经济的发展。到了南宋,由于统治者的荒淫腐败,从而导致国力渐弱。但总体来说,两宋时期的手工业和商业是发展较为迅速的,这也直接推动了建筑水平的新发展,具体主要体现在以下几个方面。

1. 城市结构和布局在本质上发生变化

宋朝时,都城汴梁的商业十分发达,城市的交通运输、消防设施、商铺、桥梁都得到了进一步发展。例如江西的赣州城,在北宋时就已经有了两个子系统("福沟"和"寿沟")组成的全城排水系统。其中,"福沟"凝聚了城市南边的水,而"寿沟"则凝聚了北方的水,然后再经过十二个涵洞的处理,使得全城的水分别排入城东的贡江和城西的章江。当今,现存沟渠的长度约为 12.6 千米,沟的深度大概在 2 米之间,宽度则在 0.6 至 1 米之间,它们对赣州旧城区的排水起着非常重要的作用。

2. 建筑进深空间层次更加丰富

南宋的建筑,在空间组合关系的处理上,丰富了进深空间的层次,衬托了主体建筑的形象。例如正定隆兴寺、石刻汾阴后土

---

① 但当时人称: "今天下甲卒数十万众,战马数十万匹,并萃京师,悉集七亡国之士民于辇下,比汉、唐京邑,民庶十倍"。而每年消耗粮食,都在 600 万石左右。

祠、滕王阁、黄鹤楼等在建筑空间及体量关系上都体现了这一点。

3. 木架建筑采用了古典的模数制

北宋未曾致力于总结前代建筑经验,木架建筑采用了古典的模数制。北宋在政府颁布的建筑规范——《营造法式》①书中确定了材份制和各种标准规范,还对建筑的设计、规范、工程技术和生产管理都有系统的论述,是我国和世界建筑史上的珍贵文献。

4. 建筑装饰色彩的华丽

宋代在建筑装饰及色彩处理上有较大的发展。唐代使用的门窗形式主要是板门和直棂窗,其开窗采光面积较小而显得室内封闭,宋代则大量使用格子门和格子窗,不仅有方格还有球纹、古钱纹等。格子门窗较之板门和直棂窗既改善了采光条件,又增加了装饰效果。

唐以前室内外色彩以朱白二色为主,柱梁等木构件为朱红色,墙为白色。宋代的木架部分已有各种华丽的彩画,如五彩遍装(遍画五彩花纹)、碾玉装(以青绿两色为主)、青绿叠晕棱间装以及由朱白二色发展的解绿装、丹粉刷饰、杂间装等。制作程序分为"衬地""衬色""细色""贴金"四个步骤。在建筑木构件上的彩画,既有保护木构件的作用,又同时具有很强的装饰效果。

5. 砖石建筑水平的新高度

宋代砖石塔的特点是发展八角形平面的可以登临远眺的楼阁式塔,塔身多为简体结构。其中较具代表性的是福建泉州开元寺东西两座石塔,用石料仿木建筑形式,高度均为40余米,是我国规模最大的石塔,如图 2-18 所示。

汴梁虹桥是北宋时期木拱桥功能设计的代表作,它用木梁相

---

① 《营造法式》是王安石推行政治改革的产物,目的是为了掌握设计与施工标准,节制国家财政开支,保证工程质量。当时朝廷曾下令制定各种财政、经济条例,《营造法式》是其中之一。这是我国古代最完整的建筑技术书籍,著书人是将作监李诫,书中资料主要采自历来工匠相传经久可行之法。这本书不仅对北宋末年京城的宫廷建筑有直接影响,南宋时,还因在苏州重刊而影响江南一带。在《营造法式》之前,还有都料喻皓所著的《木经》。但原书已佚,仅在沈括《梦溪笔谈》中看到一些梗概。

接成拱,采用了单孔、无柱的构造样式,既易架设又便通航。位于浙江绍兴城东南端的八字桥建于南宋年间,它的设计很像现代立交桥的建造原理,可以说是立交桥的雏形。城东南端是东去五云门、北去泗门、西入城中心的要道口,三河交叉,三街相会,主河为南、北流向,东西两侧又各有一条无名小河汇入。

我国古代建筑中功能、技术和造型艺术完美结合的设计,是山西应县的佛宫寺释迦塔,俗称"应县木塔"。塔内各层,使用了中国传统的斜撑、梁枋和短柱等建筑方法,使整个塔连成一个整体,比例适当,巍巍耸立,蔚为壮观,是我国至今保存完好的年代最早的木塔,也是世界上现存的唯一木结构楼阁式佛塔。

图 2-18 泉州开元寺

6. 园林兴盛

宋代由于都城的迁移,皇家园林集中在东京和临安,若以规模和气派论它远不及隋唐,但其规划设计的精细、艺术水平之高则远远有过之而无不及,寿山艮岳就是其中的代表。艮岳寿山突破了秦汉以来宫苑"一池三山"的模式,把诗情画意移入园林,以典型、概括的山水创作为主题,苑中叠石、掇山的技巧,以及对于山石的审美趣味都有提高。北宋以汉唐旧都洛阳为西京,私家园林为数众多。萌芽于唐代的文人园林,到宋代已成为造园活动中的一股新兴潮流,占园林的主导地位,同时还影响了皇家和寺观园林。这一期间文人园林渗入到寺观造园中,对原有寺院大加整修、完善寺观园林也由俗世化进一步文人化。寺观园林除了尚保留着一点烘托佛国、仙界的功能之外,它们与私家园林的差异已基本消失。

二、元朝建筑及定型

元朝时期，蒙古建立了军事帝国，疆域包括了金、西夏、吐蕃、大理和南宋等领土。蒙古族主要以放牧为主，他们进行军事掠夺的目的一方面是为了扩大疆域，圈耕地为牧场，另一方面也是为了获得更多的农业和手工业人员。这对当时的政治、经济、文化的继续发展产生了巨大的阻碍作用。

这一时期，建筑的发展也基本属于停滞阶段。直到元世祖忽必烈采取鼓励农桑的政策后，社会生产力才逐渐出现恢复发展的势头。由于忽必烈崇信宗教，因此在他在位期间，宗教类建筑显得异常繁荣。例如，在金中都的北侧就建造了规模宏大的都城。这个都城的建筑或多或少地显示出了宗教建筑的特色。尤其是藏传佛教得到元朝的提倡后，内地也出现了喇嘛教寺院，如北京西四的妙应寺白塔就是其典型代表。

元朝时期的木架建筑基本上继承了传统，在一定程度上来说，某些地方还稍逊于两宋。比如，北方的某些寺庙建筑做工粗糙，用料随意，甚至于常用弯曲的木料作梁架构件也被简化。

元朝现已保存的木建筑数量较少，主要以山西洪洞的广胜下寺和山西永济永乐宫为代表。

广胜下寺（图2-19）位于山西洪洞，是元朝重要佛教建筑遗迹。正殿采用减柱法的柱列布置格式，由于其跨度大，支撑力小，后来不得不在内额下补加柱子。檐口屋面由斜梁挑出承托，斜梁后尾压在殿中的内额上，上面再搁梁架，斜梁是用弯曲的木料做成的。

永乐宫也是宗教建筑的典型代表。正殿三清殿大木做法规整，颇有宋代建筑传统风格特点。

图 2-19　广胜下寺大殿

第六节　传统建筑的延续时期

一、明建筑及其进步

（一）明朝建筑总论——南京与北京建筑

1. 明南京城建筑

南京是明初洪武至永乐年间全国的政治中心,其都城布局新颖而独特,显示出不规则的特点。元末,在朱元璋的统治与各种政策指引下,新的都城独具规模。

南京处于中部地区,地形复杂。根据其特殊的地形特点,可大致将南京分为三大片区,即城东(皇城区)、城南(居民和商业区)、城西北(军事区)。片区的划分主要以城墙为依据,城墙沿着这三大区曲折环绕,围合成极其自然的形态。

南京城的东城区是南京宫城的基址。由于城区中间横亘着一个面积不大的燕雀湖,因此局部地区排水条件不太理想。但是它的地势较为平坦,背山依水(北倚富贵山,南有秦淮河),是一片福地。同时,紧靠市区的东边,便于利用旧城的原有设施。因此,精通堪舆术的刘基等人不惜以填平半个燕雀湖为代价来取得一个完整的宫城基地。

明清两代的都城布局范式相似,这是因为明成祖迁都北京后,依照南京城的布局范式修建了北京宫城,而清代沿袭了这种布局范式。南京宫城是以富贵山为中轴线向南展开,宫城外环以皇城,皇城南面御街两侧是文武官署,一直延伸到洪武门。北京宫城仅在进深方向加了 200 余米。

南京城的旧城区街道,其建筑范式沿袭了元代集庆路的结构。但居民结构已发生了很大的变化。明政府将全国各地的工匠与富户调来居住,并将工匠按行业分编于各街坊,甚至成批建造"廊房"(铺面)和"塌房"(货仓)出租给商人,而将原有的居民迁往云南、江北一地。这就使得这一区域,特别是秦淮河一带,成为南京繁华兴盛的一个标志。加之这一区域又离宫城较近,因此成为理想的居住地段之一。

南京城墙由条石与大块城砖砌成,高 14 ~ 21 米,顶宽 4 ~ 10 米,是一项伟大的工程。图 2-20 为环绕皇城东、北两面的一段城墙。它用砖实砌而成[①],长约 5 千米,用砖量大得惊人。除此段城墙外,其余段城墙皆是土墙外包砖石。

图 2-20 明南京城墙

2. 明北京城建筑

明代北京是在元代原有城市基础上改建而成的。由于当时

---

① 所用城砖是沿长江各省118个县烧造供给的,每块砖上都印有承制工匠和官员的姓名,严格的责任制使砖的质量得到了充分的保证。城墙上共设垛口 13000 余个,窝铺200余座。城门共13座,都设有瓮城,其中聚宝、三山、通济三门有三重瓮城(即四道城门),设防之坚,为历代仅见。在这座砖城的外围,还筑有一道土城,即外郭,长约60千米,郭门16座,从而使南京宫殿围有四重城墙——宫城、皇城、都城、外郭。

蒙古骑兵多次南下,甚至兵临城下,明政府为了更好地保卫京城,便于1553年加固城墙。但由于当时财力不足,只能将城南天坛、先农坛及稠密的居民区包围起来,而西、北、东三面的外城没有继续修筑,于是北京城城墙就成了凸字形。到了清代,北京城的规模并没有得到进一步的扩充,仅是在苑囿与宫殿上进行了修建。

明北京城分为内城与外城两层。内城东西6650米,南北5350米;外城东西7950米,南北3100米。内城城门有9个,外城城门有10个。内城南面的3座城门,即是外城北面的3门,这也是外城的中央3门;内城东、北、西各两座门,而外城东西各1座门,北面共5座门。这些城门都有瓮城,建有城楼。内城的东南和西南两个城角并建有角楼。

内城里为皇城,它是整个北京城布局的中心,位于全城南北中轴线上,呈不规则的方形。皇城四面均有门。其中南面的正门为承天门(清改称天安门),其南面还有一座前门(明称大明门,清改名大清门)。

位于北京城正中心的紫禁城是明代皇城的核心。紫禁城用高大的城墙围起来,并且城墙外围环绕着一条很深的护城河。紫禁城沿一条南起大明门,北至北安门(清代称地安门)的中轴线而建。明代紫禁城的前身是元大都宫城,然而,明代业并非完全是在遗址上重建,相对于元代的旧址,明代的紫禁城的位置稍微向南移动了一点。明代紫禁城的布局方式与南京宫城十分类似,但其规模和布局是南京宫城所不能及的(见图2-21)。

图2-21　明代紫禁城

北京的市肆共 132 行,相对集中在皇城四侧,并形成四个商业中心:城北鼓楼一带;城东、城西各以东、西四牌楼为中心;城南正阳门外的商业区。各行业有"行"的组织,通常集中在以该行业为名的坊巷里,如羊市、马市、果子市、巾帽胡同、罐儿胡同、盆儿胡同、豆瓣胡同之类。其中很多是纯粹为统治阶级生活服务的,如珠宝市、银碗胡同、象牙胡同、金鱼胡同等。

明初为了巩固其统治,采用了各种发展生产的措施,如解放奴隶、奖励垦荒、扶植工商业、减轻赋税等,使社会经济得到迅速恢复和发展。到了明晚期,在封建社会内部已孕育着资本主义的萌芽,许多城市成为手工业生产的中心,如苏州是丝织业中心,松江是棉织业中心,景德镇是瓷器制造中心,芜湖是染业中心,遵化是冶铁中心等。每个城市都有大批出卖劳动力的手工业工人,有的城市已经进行罢市、暴动的斗争。自明中叶后,腐朽的封建统治已成为社会发展的枷锁。在农业与工商业发展和郑和 7 次下西洋(今东南亚及印度洋沿岸)的基础上,对外贸易也十分繁荣,和日本、朝鲜、南洋各国以及欧洲的葡萄牙、荷兰等国开展了贸易。广州成为中国最大的对外贸易港口。由于金、元时期北方遭到的严重破坏和南宋以来南方经济发展相对比较稳定,使明代社会经济和文化呈现南北不平衡之势。

(二)明朝建筑的进步

随着经济文化的发展,建筑也有了进步,主要表现为以下六个方面。

1.民居多用砖砌墙

尽管我们现在砌墙多用的是砖块,然而在明代以前,砖是不常用的。砖墙在明代的普及得益于空斗墙的广泛运用。空斗墙的最大优势是节省用砖量。明代硬山建筑发展迅速,这也是和砖墙的普及密不可分。由于砖的质量和加工技术都有所提高,因而明代的建筑,尤其是江南一带的住宅、祠堂建筑都广泛运用了十分娴熟的"砖细"和砖雕工艺。作为防火建筑的无梁殿是用砖拱砌成的,因而无梁殿的出现也是在砖的运用到了一定阶段才有的。明代时大量用煤炭烧制石灰,这使得石灰的产量大幅增加,生产成本业大幅降低,这也使得石灰被大量使用于砌筑胶泥及墙面粉刷之中。

2. 琉璃砖瓦的质量和应用面有所提高

明代琉璃制作工艺在琉璃的坯体质量、预制拼装技术、色彩、品种等方面都有了重大突破。明代的琉璃瓦采用白泥制坯,烧过的白泥质地坚硬而细密,因而强度高、不吸水。明代的塔、门、照壁等建筑多用琉璃面砖来作镶砌装饰,琉璃面砖有白色、红色、黄色、棕色、蓝色、绿色、黑色等釉色。比较出名的有建于明成祖时期的南京报恩寺塔、山西洪洞广胜寺飞虹塔、北京的琉璃门等。

3. 出现简化定型的木构架

到了明代,由于宫殿、庙宇等建筑普遍采用砖砌墙面,大大减小了屋顶出檐。屋檐的重量多用梁头向外挑出的作用来承托,甚至将挑檐檩都直接搁在梁头上。房屋斗拱的结构作用受梁柱构架整体性加强的影响,不断减小,斗拱的作用已经不再像宋代建筑中的那么重要,于是就形成了新的简化定型的木构架。但是在追求奢华富丽外观的宫殿、庙宇建筑中,失去承重意义的斗拱不仅没有被淘汰,甚至被运用得更加烦琐密集。

由于施工大为简化,明代的官式建筑总体来说呈现出一种与唐宋建筑舒展开朗不同的严谨稳重的风格。除去官式建筑,明代民间建筑的建造水平业得到了很大的提高,出现了《鲁班营造正式》之类极具价值的木工术书。

4. 建筑群布局更加成熟、科学

明代对故宫的严格对称和层门、庭院空间相联结组成庞大建筑群的布局将封建王朝的"君权"抬高到一个空前的程度,由此定型的故宫格局使得清代并未对故宫进行大规模的动作,仅仅是做了些局部的重修和补充。除此之外,明十三陵和南京明孝陵对地形和自然环境的利用十分成熟,形成庄严肃穆的气氛。这些布局手法也影响了明代各地的佛寺、清真寺等宗教建筑的设计布局。

5.官僚地主私园发达

在明代,官僚地主的私园建筑非常发达,尤其在江南一带,他们对园林建造非常痴迷。例如,在南京、杭州和苏州以及太湖周围的许多城镇都建设了很多私园。当时的园林在风格上的特点基本是增加了不少建筑物,且用石增多,在假山的选择上追求奇峰阴洞。

6.官式建筑的装修、彩画、装饰逐渐定型

官式建筑在装修、彩画以及装饰上逐渐定型,门窗、槅扇、天花等的装修就已基本定型。例如,对于栏杆和须弥座的做法以及装饰方面,在明代200多年的时间里几乎没有变化。在建筑色彩上,则趋于选择能够产生强烈对比和富丽效果的鲜明色调,如琉璃瓦、红墙、汉白玉台基、青绿点金彩画等,这重色调也恰巧符合了宫殿、庙宇等建筑所要求的气氛。

明代的家居是闻名世界的。风水术到明代已达极盛期。无论是民间村落、住宅、墓地、佛寺或帝王陵墓,都受到风水的深刻影响。特别是在建筑选址上,影响尤为突出。例如明成祖在北京对长陵的选址,就是由江西的风水师来参与选定的。这一中国建筑史上特有的古代文化现象,其影响一直延续到近代。

二、沿袭明代传统,但也有所发展——清建筑

(一)园林达到了极盛期

清代帝王苑囿规模之大,数量之多,建筑量之巨,是任何朝代不能比拟的。自从康熙平定国内反抗,政局较为稳定之后,就开始建造离宫园苑，从北京香山行宫、静明园、畅春园到承德避暑山庄，工程迭起。宗室贵戚也多"赐园"的兴作。畅春园是在明李伟清华园的旧址上建造起来的离宫型皇家园林，前有宫廷，后为苑园。避暑山庄创于康熙四十二年，规模更大，总面积达8000余亩，也是前宫后苑的布局。雍正登位后，将他做皇子时的"赐园"圆明园大肆扩建，成为他理政与居住之所，当时面积约3000亩，乾隆时扩建至5000余亩。乾隆是清代园林兴作的极盛期，醉心游乐的弘历曾6次巡游江南，并将各地名园胜景仿制于北京和承德避暑山庄，又在圆明园东侧建长春、绮春两园，其中长春园还有一区欧洲式园林，内有巴洛克式宫殿、喷泉和规则式植物布置（现存圆明园西洋建筑残迹即属之）。又结合改造瓮山前湖成为城市供水的蓄水库，建造了一座大型园林——清漪园（光绪间改名为颐和园见（图2-22），从而在北京西北郊形成了以玉泉、万泉两水系所经各园为主体的园苑区。

图2-22　颐和园

唐模位于皖南歙县城西约10千米处，是汪、程、吴、许诸姓世居之地。清康熙年间，许承宣、许承家兄弟赐进士出身，遂在村头立牌坊，额曰"同胞翰林"，并在村东溪南高地上建许氏文会馆，作为文人雅集之所。其中的内容多样，人工构筑与自然地形结合得非常巧妙，创造出了一种私家园林所不具备的田园风光之美。

乾隆间村人又建檀干园，与文会馆隔溪相望。园中开池筑岛，岛上建镜亭，以玉带桥与园外相连。沿池岸上多植檀树及紫荆、桃、桂、梅等花木，池中植荷莲。镜亭有联句曰："桃露春秋，荷云夏净,桂风秋馥,梅雪冬妍。"诗句描述了当年园内四季花开的景象。当时人们认为此园有杭州西湖意趣,又称之为"小西湖"。目前这里原有的建筑如许氏文会馆已毁,许氏宗祠仅存最后一进,但路亭、曲桥、檀干园水池、池上镜亭、玉带桥及部分老树古木都保存较好,而且山川形胜未改原貌,布局轮廓约略可见,昔日神韵并未完全丧失。

(二)藏传佛教建筑兴盛

清朝提倡佛教建筑,加上蒙藏民族的崇信,于是出现了大批藏传佛教建筑。据统计,只内蒙古地区就建造了1000余所喇嘛庙,如果加上西藏、甘肃和青海等地的佛教建筑,总数更多。在建造样式与风格上,各地的藏传佛教建筑大都将藏族建筑的形式与汉族建筑的形式相结合,也就是我们看到的平顶房与坡顶房相结合。

顺治二年开始建造的布达拉宫,既是达赖喇嘛的宫殿,同时也是一所巨大的佛寺。布达拉宫依山而建,表现了藏族工匠的非凡建筑才能。康熙、乾隆期间,在承德避暑山庄东北部陆续建造了8座喇嘛庙,因为承德地处北京和长城以外,故称"外八庙"。外八庙为蒙、藏等少数民族贵族朝觐所用。在建筑形式和特点方面,有的是仿造西藏布达拉宫而建,有的是仿西藏扎什伦布寺而建,有的则是仿某一地区的寺院而建。

(三)住宅建筑类型百花齐放

清朝的版图很大,导致各地的地理气候条件不同,加之境内还有很多少数民族,而各民族在生活习惯、文化背景以及习惯使用的建筑材料、构造方式不同,于是形成了千变万化的居住建筑。即使是在同一地区或同一民族之间,由于阶级地位不同,经济条件不同,在居住建筑上也产生了明显的差别。

（四）简化单体设计，提高群体与装修设计水平

清朝的官式建筑在明代定型化的基础上，开始用官方规范的形式固定下来，[1] 如有斗拱的大式木作统一将斗口作为标准确定其他大木构件的尺寸。这种标准一旦确定下来，就会非常便捷，因为只要选定了建筑物的一种斗口尺寸，其他的尺寸就都有了，在清代建筑群实例中可以看到，群体布置手法十分成熟，这是和设计工作专业化分不开的。清代宫廷建筑的设计和预算是由"样式房"和"算房"承担：由于苑囿、陵寝等皇室工作规模巨大，技术复杂，故设有多重机构进行管理，其中"样式房"与"算房"是负责设计和预算的基层单位。工程开始前，即挑选若干"样子匠"及"算手"分别进入上述两单位供役。在样式房供役时间最长的当推雷氏家族，人称"样式雷"。至今仍留有大量雷氏所作圆明园及清代帝后陵墓的工程图纸、模型及工程说明书（图纸称"画样"，模型称"烫样"，工程说明书称"工程做法"，这是一份非常珍贵的研究清代建筑的档案资料）。

（五）建筑技艺仍有所创新

清代，建筑技艺虽不如宋、明时期发展快，但也有所创新。

（1）开始采用水湿压弯法使木料弯成弧形檩枋，通过这种技法处理的木料可供小型圆顶的建筑使用。

（2）采用对接与包镶法。具体做法是用较小、较短的木料通过对接与包镶制成长、大的木柱，用做楼阁的通柱。虽然在宋代、明代已经开始使用这种办法，但在清代更为普遍与成熟。

（3）从国外引进了玻璃。乾隆年间玻璃的引进使门窗格子的式样发生了巨大变化，过去繁密的方格子、长条格子窗变成了疏朗明亮的窗式，不仅透光度好，而且对室内家居的发展也有一

---

① 建筑在明代定型化的基础上，开始用官方规范的形式固定下来。

定的影响。

砖石建筑方面虽然没有突破性的发展，但北京钟楼和西藏布达拉宫等一批高水平的建筑，也显示了清代砖石建筑的成就。

第三章 | 营造法式——传统建筑的 建造手法与装饰

中国传统建筑不但有自己的鲜明特色,而且其营造法式越来越成熟、复杂和精致。本章就传统建筑的营造与装饰展开论述,内容涉及传统建筑的艺术风格、艺术手法、文化内涵和装饰语言。

第一节 传统建筑的艺术风格

一、纪念型风格——雄伟高大

所谓纪念型风格的建筑主要是指坛庙建筑、陵墓建筑,以及一些佛教、道教建筑等。它们在体量上非常庞大,而且极具中国特色,具有平和、安详、严肃、庄重等视觉和心理上的感受。

坛庙建筑的代表有北京天坛、北京太庙、北京社稷坛(图 3-1)等。

图 3-1 北京社稷坛

陵墓建筑的主要代表有秦始皇陵、汤乾陵、清陵等。

宗教建筑的主要代表有山西五台山佛光寺、河北正定隆兴寺、西藏拉萨布达拉宫、湖北均县武当山道观、山西芮城永乐宫、新疆清真寺、北京牛街清真寺等。

二、宫室型风格——雍容华丽

宫室型风格的古代建筑其实就是宫殿建筑，这样的建筑讲究中规中矩的等级形式铺排，还要选择一块上好的风水宝地，最重要的则是它营造出来的空间意识，既开阔又华丽（图 3-2）。

图 3-2　恭王府

这种风格的建筑还有秦咸阳宫、唐大明宫、北宋皇宫、明清北京故宫、沈阳故宫等。

三、住宅型风格——亲切宜人

所谓住宅型风格的建筑指的就是民居建筑，民居建筑具有极强的地域性、景观性和伦理性，从而也体现出亲切宜人的特点。

民居建筑属于量大面广的建筑类型，中国广袤的土地上因其多样的地理特征，建筑的地域特点也多样化，如丘陵、平皋、高原、河谷地带的民居建筑差异就非常大。图 3-3 为徽派民居建筑。

图 3-3　徽派民居建筑

四、园林型风格——自由委婉

所谓园林型风格其实就是园林建筑所体现出来的一种风格，不管是皇家园林还是私家园林，其总特征总是和自由、委婉分不开的。图 3-4 为私家园林拙政园。

图 3-4　拙政园

皇家园林的代表主要为颐和园、避暑山庄，私家园林的代表主要为拙政园、留园等。

第二节　传统建筑的艺术手法

一、衬托性与"借景"手法

传统园林艺术中借景是常用的一种扩大景观的深度和广度的手法，在明代计成的《园冶》中这样表述："借者，园虽别内外，得景无拘远近,晴峦耸秀,绀宇凌空;极目所至,俗则屏之,嘉则收之……”可以看出,借景作为园林艺术中的一种传统手法,得到了多大的推崇。

借景手法的类型有远借、近借、仰借、俯借、因时而借、因味而借、因声而借等几种形式。

二、障景手法

障景手法在传统建筑的营造也是常用的,运用得较为明显的则是园林艺术中,往往可以收到多重艺术效果。一方面,障景能隐藏不美观或者某些不完美的部位,另一方面,障景本身的设置往往自成一景,绕过障景还能出现别样的景致。

在实际运用中,障景务求高于视线,否则无障可言。障景常应用山、石、植物、构筑物、照壁(图3-5)等。

图3-5 利用照壁进行的障景手法

另外,要达到让人有一种悬念,不被人一眼看穿的目的,这也就是为什么有的障景要设置在园林或者某建筑的入口处或拐角处的原因。

三、点景、对景、框景与移景手法

(一)点景和对景手法

点景的主要作用就是增加趣味,往往在经典的入口处,建筑旁,道路转折处利用山石、植物、雕塑来点景。

对景其实就是此处是观赏彼处景点的最佳点,彼处亦是观赏此处景点的最佳点。在形式上可以设置成正对景,也可以设置成互对景。

(二)框景手法

框景是利用门框、窗框向外眺望所取得的景色画面。框景可分为框圆和框方,框圆是圆形的画面,框方是方形的画面。框外的景物一律被屏障了,框景处理得好,就像嵌在墙壁上和门洞里的一幅画。

例如,透过垂柳看到水中的桥、船,透过松树看到传统的楼阁殿宇,透过洞门看到了园中的亭、榭等。图3-6为陶然亭公园从百坡亭望浸月亭。

图3-6　陶然亭公园从百坡亭望浸月亭

(三)移景手法

移景就是指仿建,在我国各大园林中都有这种造景手法,如圆明园、避暑山庄以及颐和园中,都有很多景色是从别处移植而来的。其中,最大的一处移景要数清漪园的昆明湖,它完全是模仿杭州西湖展拓而来的。

四、减柱手法

减柱手法的运用,可以山西大同华严寺上寺大雄宝殿为例。华严寺上寺大雄宝殿(图3-7),其山门的外门是方形、内门是圆形的,外方象征着华严宗说理方广,内圆代表了华严宗说事圆融,可以说是意义深密,玄妙非常。大殿的形制十分古朴。殿内采用的是我国建筑中绝妙而独到的"减柱法",仅在中央七间大的空间里减少了内槽金柱达12根之多,并且还让外槽的柱子呈略微向里推进的状态,这样,不但减少了殿中柱子的密度,让房间的空间更加宽敞,还做到了比较合理的承重,并且还极大地节省了建筑材料。所以,华严寺是中国古代力学原理成功在建筑上使用的代表。

图3-7　华严寺上寺大雄宝殿

五、色彩手法

中国传统建筑装饰中最敢于也最善于使用色彩,其很早就采用在木材上涂漆和桐油的办法,此后又使用丹红来装饰了柱子、梁架,或者在斗拱梁、枋等地方绘制了彩画。

在长期的建筑实践过程中,中国的传统建筑在色彩运用方面积累了相当丰富的经验。例如,北方的很多宫殿、官衙建筑,都比较擅长运用色彩艳丽的对比与调和。房屋的主体部分通常使用暖色；而房檐下的阴影部分则使用蓝绿相配的冷色。在朱红色的门窗部分以及蓝、绿色的房檐下部，还常常使用金线与金点装饰，蓝、绿间也间用少数红点，使建筑上的彩画图案显得更加活泼，极大地增强了色彩的装饰效果。在一些比较重要的纪念性建筑中，如故宫、天坛等，在黄色、绿色或蓝色的琉璃瓦下面再以一层或者好几层雪白的汉白玉台基与栏杆做衬托，在华北平原秋高气爽、万里晴空的蓝天下，其色彩效果显得更加无比动人。

除此之外，中国的建筑科学也得到较快的发展，并且还和宗教的传播有着密切的联系，有很多庙宇、道观、宗祠、园林等建筑物都渗透着宗教的色彩，其中影响比较大的是儒教、佛教、道教或伊斯兰教等，但是又以佛教的庙宇最多，影响最大。而悬空寺就是这样一座"三教合一"的代表性建筑（见图3-8）。

图3-8　悬空寺

第三节　传统建筑的文化内涵

一、风水文化内涵

(一)风水的界定

在中国古代历史中,最先给风水下定义的是晋朝时期的郭璞,他在《葬书》一书中写道:

葬者,乘生气也。夫阴阳之气,噫而为风,升而为云,降而为雨,行乎地中而为生气,行乎地中发而生乎万物。……气乘风则散,界水则止。古人聚之使不散,行之使有止,故谓之风水。

风水之法,得水为上,藏风次之。

清朝人范宜宾给《葬书》作注道:"无水则风到而气散,有水则气止而风无,故风水二字为地学之最,而其中以得水之地为上等,以藏风之地为次等。"也就是说,风水其实就是古代一门有关生气的术数,只有在避风聚水的条件下才可以获得生气。

其他著作中对于风水的界定可参考表 3-1。

表 3-1　风水在不同论著中的界定

论著名称	界定
《地理人子须知》	而生气何以察之?曰气之来,有水以导之;气之止,有水以界之;气之聚,无风以散之。故曰要得水,有藏风。又曰气乃水之母,有气斯有水;有曰噫气惟能散生气;又曰外气横形,内气止生;有曰得水为上,藏风次之;皆言风与水所以察生气之来与止聚云尔。总而言之,无风则气聚,得水则气融,此所以有风水之名。循名思义,风水之法无余蕴矣。
《青乌先生葬经》	内气萌生,外气成形,内外相乘,风水自成。内气萌生,言穴暖而生万物也;外气成形,山川融结而成像也。生气萌于内,形象成于外,实相乘也。
《风水辨》	所谓风者,取其山势之藏纳,土色之坚厚,不冲冒四面之风与无所谓地风者也。所谓水者,取其地势之高燥,无使水近夫亲肤而已;若水势曲屈而环向之,又其第二义也。

续表

论著名称	界定
《吕氏春秋——季春》	生气方盛,阳气发泄。
《汉书——艺文志》载有《堪舆金匮》	堪为天,舆为地。堪又与勘、坎有相通之义。此外又有称风水为青囊、青乌、相宅、地理等。

(二)建筑风水文化的演变与发展

中国早在先秦就有相宅活动,其中涉及陵墓称阴宅,涉及住宅称为阳宅。先秦相宅没有什么禁忌和太多迷信色彩,逐步发展成一种术数。汉代出现了以堪舆为职业的术士,民间常称以堪舆为职业的术士为地理先生,有许多堪舆著作也径直冠以"地理"之名。汉朝时期,到处都充斥着禁忌。例如,当时有时日、方位、太岁、刑徒上坟等多种禁忌,并且还出现了很多有关风水的书,如《移徙法》《图宅术机》《堪舆金匮》等。其中,在当时产生较大影响的是青乌子撰写的《葬经》,被后世的风水师们奉作宗祖。

魏晋时期出现了管辂、郭璞这类风水宗师。其中,管辂是三国时期平原术士,因占墓有验而闻名天下,其主要的代表作是《管氏地理指蒙》。郭璞其事迹在《葬书》注评中有详细介绍。

唐朝时期,社会上出现了一大批风水师,如张说、浮屠泓、杨筠松、曾文遄等。其中最负盛名的当属杨筠松,他将宫廷中的风水书籍挟出,然后到江西一带进行传播,弟子盈门。当时,风水在西北地区快速发展,当地流传了一本叫作《诸杂推五胜阴阳宅图经》的书籍,书中提出了房屋的建造原则,即向阳、居高、邻水。

宋代时期,宋徽宗十分相信风水学说,所以老百姓也普遍讲究风水。宋代也产生了很多风水大师,其中比较著名的有赖文俊、陈抟、徐仁旺、张鬼灵等。

20世纪以来,风水学在旧中国依然大有市场。近年来,随着国内外探讨建筑风水的适用性,这门古老学说重新引起学术界重视与研究。

（三）建筑风水文化的思想表达

在中国古代建筑文化、建筑理论与建筑实践中，风水思想贯穿于营造学、造园学之中。建筑风水的两大基本构成为"山"和"水"，它们的辩证关系体现在如下几个方面。

（1）蜿蜒曲折的山为山龙（龙脉），源远流长的水为水龙，以龙山为吉地，山的气脉集结处为龙穴，龙穴适宜作墓地或建宅。

（2）河曲之内为吉地，河曲外侧为凶地。《堪舆泄秘》中即有"水抱边可寻地，水反边不可下"之说。

（3）坐北朝南的基本格局。风水学理论以青龙、白虎、朱雀、玄武来表示东、西、南、北方位。在《阳宅十书》中有："凡宅左有流水，谓之青龙；右有长道，谓之白虎；前有汗池，谓之朱雀；后有丘陵，谓之玄武，为最贵地。"

（4）风水学中的"四象必备"。其条件是："玄武垂头，朱雀翔舞，青龙蜿蜒，白虎驯俯。"即玄武方向的山峰垂头下顾，朱雀方向的山脉要来朝歌舞，左之青龙的山势要起伏连绵，右之白虎的山形要卧俯柔顺，这样的环境为"风水宝地"。

（5）风水四大要素——龙[①]、穴[②]、砂[③]、水[④]。其原理是"龙真""穴的（di）""砂环""水抱"四大准则。

（四）建筑风水文化在建筑选址中的运用原则

1. 整体系统

---

① "龙"指山脉，"龙真"指生气流动的山脉。龙在山地蜿蜒崎岖地跑，由此推断，地下生气势必随其蜿蜒崎岖地流动。其中的主山为"来龙"；由山顶蜿蜒而下的山梁为"龙脉"，也称"去脉"。寻龙的目的是点穴，点穴必须先寻龙。
② "穴"指山脉停驻、生气聚结的地方，称为吉穴，用来做安居、下葬的场地。
③ "砂"指穴周围的山势，"砂环"指穴地背侧和左右山势重叠环抱的自然环境。环境好可以使地中聚结的生气不致被风吹散。
④ "砂"指穴周围的山势，"砂环"指穴地背侧和左右山势重叠环抱的自然环境。环境好可以使地中聚结的生气不致被风吹散。

　　中国传统的风水理论是把自然环境当成了一个整体,这个整体是以人为中心,同时包括了天地万物。而这个整体的各个要素之间是相互联系、相互制约、相互依存、相互对立和相互转化的。用一句话来概括,风水思想就是从宏观上把握各个要素之间的关系,使其内部得以优化,从而寻求一个最佳的组合方式。①

　　2. 依山傍水

　　建筑风水一般都要遵循一个最基本的原则,即依山傍水。山是大地的骨架,水是万物的源泉。自古以来,人类的部落几乎都建在河边台地,原因就是这些地方最适合人居住和生存。

　　传统建筑依山的形势主要有"土包屋"和"屋包山"两种。

　　"土包屋"就是建筑的三面都有群山环绕。在这里边也有旷地,通常南面敞开,房屋则隐藏在树丛中。在我国湖南、安徽、四川、广东等地,有许多这样的村镇。②

　　"屋包山"就是很多的房屋覆盖着山坡,典型的"屋包山"风格在长江中上游沿岸的码头小镇有很多。一些比较经典的案例如武汉大学,就是建在了青翠的珞珈山麓。设计师考虑到了特定的风水,利用自然条件依山建房,使建筑与自然浑然一体。武汉大学的设计得天然之势,充分显示了高等学府的宏大气派。

　　3. 因地制宜

　　建筑设计的因地制宜,指的是设计师要根据自然环境的客观性,使建筑适应自然条件。

　　中华大地幅员辽阔,气候差异大,不同地区的土质各不相同,所

---

① 《黄帝宅经》主张:"以形势为身体,以泉水为血脉,以土地为皮肤,以草木为毛发,以舍屋为衣服,以门户为冠带,得若如斯,是事严雅,乃为上吉。"清代姚延銮在《阳宅集成》中强调整体功能性,主张:"阴宅须择好地形,背山面水称人心,山有来龙昂秀发,水须朝抱作环形,明堂宽大为有福,水口收藏积万金,关煞二方无障碍,光明正大旺门庭。"
② 如湖南岳阳县渭洞乡张谷英村即处于这样的地形,五百里幕阜山余脉绵延至此,在东北西三方突起三座山峰,如三大花瓣拥成一朵莲花。

以建筑形式也各有差异。① 风水思想遵循因地制宜的原则，使人与建筑适应自然，实现天人合一的终极目标，这些思想无不体现着中华传统文化的深刻内涵。

4. 坐北朝南

考古发现我国原始社会，绝大多数房屋都是大门朝南，修建村落也遵照坐北朝南的原则。坐北朝南的房屋，不仅能够得到较好的采光，同时还能避风。这一点就要从中国的地势说起了。中国的地势是西高东低，呈三级阶梯状分布，西部为山，东部靠海，这就决定了其气候为季风型：冬季受西伯利亚寒潮的影响，多吹西北风，天气寒冷；夏天受太平洋的暖风影响，炎热多雨，一年四季风向变换不定。在对风的态度上，古人认为风有阴风与阳风之别，西北风为阴风，要尽量避免。② 因此，20 世纪之前我国的城乡建筑大多是根据坐北朝南的原则建设的。

建筑风水思想中择宅坐北朝南的原则，是对自然现象的正确认识。风水上认为，房屋坐北朝南能够集聚山川之灵气，享受日月之光华，有助于人的事业之发展及身体之康健，因此沿袭至今。不过中国人讲中庸之道，虽认为阳光是人类安居不可缺少的因素，但阳光太强也有害身体，如《相宅经纂》认为，阳光太胜者，又易退败。故在炎热地区，房屋可建于背阴之处。③

5. 观形察势

风水理论既重视山形水势，也注重将小环境放入大环境中进

---

① 西北干旱少雨，人们就采取穴居式窑洞居住。窑洞位多朝南，施工简易，不占土地，节省材料，防火防寒，冬暖夏凉，人可长寿；西南潮湿多雨，虫兽很多，人们就采取栏式竹楼居住。楼下空着或养家畜，楼上住人。竹楼空气流通，凉爽防潮，大多修建在依山傍水之处。此外，草原的牧民采用蒙古包为住宅，便于随水草而迁徙；贵州山区和大理人民用山石砌房，华中平原人民以土建房，这些建筑形式，都是依据当时当地的具体条件而创立。
② 清末何光廷在《地学指正》中提到："平阳原不畏风，然有阴阳之别，向东向南所受者温风、暖风，谓之阳风，则无妨。向西向北所受者凉风、寒风，谓之阴风，直有近案遮拦，否则风吹骨寒，主家道败衰丁稀。"
③ 清代的《阳宅十书》指出："人之居处宜以大河为主，其来脉气最大，关系人之祸福最为切要。"

行考察。风水理论中,通过大环境观察小环境,便可知道小环境受到的外界制约和影响。

任何一块宅地表现出来的吉凶,都是由大环境所决定的,只有形势完美,宅地才美。因此,不管是古代还是在现代,在建设城市、村落、房屋时,都应先考虑山川大环境。大处着眼,小处着手,才能避免后顾之忧。

6. 水质分析

风水理论不仅主张考察水的来龙去脉,还注重水质分析。古时辨别水质的方法比较直接。[①]

地域不同,其水中的微量元素及化合物质含量也会有所差异,有的对人体有益,有的则有害,有的可致病,有的却又可以治病。[②]

泉水是最常见的富含矿物质和微量元素的水源。由于泉水经地下矿石过滤,往往含有钠、钙、镁、硫等矿物质,饮用或用其进行冲洗、沐浴,是有助于健康的。

中国有许多泉水,且大部分泉水具有开发价值。如被称为"泉城"的山东济南有 72 处有名的泉眼。又如,福建省的泉水是全国各省之最,矿泉水点高达 1590 处,其中可供医疗、饮用的矿泉水点就有 865 处。再如,广西凤凰山有眼乳泉,用此泉水泡茶,茶水一周不变味。而江西永丰县富溪日乡九峰岭脚下有眼一平方米的味泉,这眼泉水酸苦清甘,如鲜啤酒。

[①] 《管子·地贞》认为土质决定水质,从水的颜色判断水的质量,水白而甘,水黄而糗,水黑而苦。风水经典《博山篇》主张:"寻龙认气,认气尝水。其色碧,其味甘,其气香主上贵。其色白,其味清,其气温,主中贵。其色淡、其味辛、其气烈,冷主下贵。若苦酸涩,右发慢,不足论。"《堪舆漫兴》论水之善恶:"清涟甘美味非常,此谓嘉泉龙脉长。春不盈兮秋不涸,于此最好觅佳藏","有如热汤又沸腾,混浊赤红皆不吉。"

[②] 如浙江省泰顺承天象鼻山下有一眼山泉,泉水终年不断,热气腾腾,当地人生了病就到泉水中浸泡,据称比吃药还有效。后经检验发现,泉水中含有大量放射性元素氡。《山海经·西山记》记载,石脆山旁有灌水,"其不有流赭,以涂牛马无病"。云南省腾冲县有一个"扯雀泉",泉水清澈见底,但无生物,鸭子和飞禽一到泉边就会死掉。经科学家考察发现,泉中含有大量杀害生物的剧毒物质氰化酸、氯化氢。据有关分析,《三国演义》中描写蜀国士兵深入荒蛮之地,误饮毒泉,伤亡惨重,可能与此毒有关。在这样的水源附近肯定不宜修建村庄住宅。

7. 地质检验

人的体质深受地质的影响,因而在风水思想中,地质是非常重要的。讲究,甚至是挑剔地质,是风水思想的一个很大的特色,从现代科学方面出发,地质对于人体的影响可以体现在四个方面:

(1)土壤微量元素的影响

土壤中硒、锌、氟等微量元素会相互作用,并且放射到空气中,从而对人体的健康产生直接的影响。

(2)土壤湿度的影响

潮湿或腐烂的土壤是导致风湿、关节炎、心脏病和皮肤病的重大因素。

(3)磁场的影响

地球是存在磁场的,虽然人并不能感受到它的存在,但磁场对人的影响却是始终存在的。

(4)有害波的影响

事实证明,地下如果存在河流、坑洞等复杂的地质结构,人体可能就会出现头晕、头痛、内分泌失调等不良反应,这是由复杂地质结构产生的长振波、粒子流等污染辐射引起的。

在看风水的过程中,我们可以看到有的风水师会亲临现场去考察水质和土质,甚至会去听地面以下的声音,这些其实都是有一定的科学道理的。

8. 顺乘生气

气为万物之源。风水理论中的气不仅是组成万物的构成元素,人也得之于气。气的生发和流动是随着季节、日升日落和风向等的变化而变化的。传统风水理论认为生气为吉,死气为凶。①

---

① 《管子·枢言》有道:"有气则生,无气则死,生则以其气。"《黄帝宅经》认为,正月的生气在子癸方,二月在丑艮方,三月在寅甲方,四月在卯乙方,五月在辰巽方,六月在乙丙方,七月在午丁方,八月在未坤方,九月在申庚方,十月在酉辛方,十一月在戌乾方,十二月在亥壬方。风水罗盘就体现了风水理气派的生气方位观念。明代蒋平阶在《水龙经》中提出水和气的关系,识别生气的关键是望水:"气者,水之母,水者,气之止。气行则水随,而水止则气止,子母同情,水气相逐也。行溢于地外而有迹者为水,行于地中而无表者为气。表里同用,此造化之妙用。故察地中之气趋东趋西,即其水或去或来而知之矣。行龙必水辅,气止必有水界"。

所谓生气,就是事物所呈现的最佳状态,表现为万物的生机勃勃。

9. 适中

中国传统文化特别讲究中庸、不偏不倚。这种近于至善至美的理论就是要求追求恰到好处、大小和高低适当的适中,也就是要尽可能地优化。①

先秦时期就已经开始讲究适中了。这条风水原则不仅主张建筑要在山脉、水流、朝向中适中,也要求建筑的整体和部件,甚至是人和建筑的空间、数量的布局处理上适中。

居中,是适中的表层含义和核心内容。居中不仅要求各种附属设施围绕轴心整齐布局,还要求突出中心。居中理论表现在中国古代都城选择上,我们可以明确看到,我国历代都城都没有选择过沿海或沿江的城市。这不仅是出于政治、经济、安全的需要,也是因为这些偏远的城市不符合居中的原则。

10. 改造风水

人们认识世界的目的在于改造世界为自己服务,人们只有改造环境,才能创造优化的生存条件。② 改造风水的实例很多。研究者认为,四川都江堰就是改造风水的成功范例。岷江泛滥,淹没良田和民宅,李冰父子用修筑江堰的方法驯服了岷江,使其造福于人类。

二、"礼"制文化内涵

(一)"礼"制文化的含义解读

1."以中为尊"

"以中为尊"在华夏文化形成与政治形态体系中是一大特色。

---

① 《管氏地理指蒙》论穴言:"欲其高而不危,欲其低而不没,欲其显而不彰扬暴露,欲其静而不幽囚哑喧,欲其奇而不怪,欲其巧而不劣。"
② 《周易》有道:"已日乃孚,革而信之。文明以说,大亨以正,革而当,其悔乃亡。天地革而四时成,汤武革命,顺乎天而应乎人。革之时义大矣。"

《荀子·大略》说："王者必居天下之中,礼也。"《吕氏春秋》说："择天下之中而立国,择国之中而立宫。"在五行学说中,东、南、西、北、中,乃以"中"为尊。"以中为尊"思想的形成,固然与中央集权统治制度有关,但更重要的是与古代所观察的天体运动有关。

中国古代十分重视天象的观察,通过对天体长期的细心观察和研究,发现在以北极星为中心的紫微垣星座中,呈长柄斗勺形状的北斗七星围绕着北极星旋转,且斗柄的指向与四季有着密切的关系:斗柄东指——天下皆春;斗柄南指——天下皆夏;斗柄西指——天下皆秋;斗柄北指——天下皆冬。

古人发现北斗七星的运转,好像总是围绕着一个点,即北极星,这种自然现象启示着古人,使他们崇信北极星是神秘而至高无上的天之中心,并为人们提供了一个中央神圣的具体模式,由此逐渐产生了"以中为尊"的天理之道,把"中央"视为最尊贵、最显赫的方位,所谓"王者必居天下之中,礼也","天子中而处"等就成了礼的重要规范和行为准则。古人按北斗七星的斗柄所指,确定了九个方位,按各方位星座的星数,排列成表而称《洛书》,此乃是古人长期坐地观天所发现的"天机"。

2. "以大称威"

春秋末年,伟大的思想家、道家创始人老子在《道德经》中说道:"道大,天大,地大,王大。域中有四大,而王居其一焉。"东汉的文学家许慎在《说文解字》中说:"皇,大也。"在古代的传统思想中,"王"之所以"大",是因为"王"与"天"联系在一起,认为其权力是神授予的,其行为代表着天的意志,从而皇帝的权力是至高无上的。因此,凡是与帝王有关的建筑群都建造得非常雄伟、阔大、金碧辉煌,使得我国现存的许多古建筑在世界建筑史上都具有赫赫显著的地位。但还须说明一下,我国传统建筑之大,并不是以单体建筑的形式来显示其大,而是以建筑群的形式出现,如北京故宫号称有建筑 9999 间半之多,为天下之最。

（二）中国传统建筑中对于"礼"制的诠释

1. 路、桥、门

根据封建社会的礼制规定,礼,以中为贵,以大为贵,以多为贵,以高为贵,以文(纹饰)为贵。

比如北京天安门城楼,原为清初顺治八年(1651年)重新改建的皇城正门,其门共有大小五个门洞,中间门洞是五门中最高最大的一个,两侧的门洞依次减小。城楼前有与五个门洞相对应的五座金水桥,这些桥亦以中间一座为最高、最宽,两侧也是依次减小;桥上的装饰,中桥为云龙,两侧四桥为莲花。正中一座桥称御路桥,只许皇帝通行;紧邻的两侧桥称王公桥,供亲王通行;最外的两侧桥称品级桥,供三品以上文武官员通行。之所以有如此的区别,实是为了显示皇帝的天子之尊。

在北京天坛有一条连接圜丘坛与祈年殿的南北甬道,就有神道、御道和王道之分,这也同样是礼制。

2. 斗拱

斗拱是中国古代建筑上最杰出的发明,是能工巧匠们聪明智慧的结晶,在周代已普遍应用于各式建筑上。斗拱是柱子与梁架之间的过渡构件,由斗形小块和弓形短木在柱头上重叠而成,屋面上施加于梁材的力通过斗拱来层层传递,最后把伞部的重量转移到柱头上,这样就消除了断梁的危险。但是不同等级的建筑所需的斗拱多少、大小、层数都是不等的,等级愈高,建筑物就愈高、愈宽、面阔间数愈多,因而所用斗拱也就愈多、愈大、层数愈多,所以在同一时代,用斗拱来衡量建筑物的等级高低就是:有＞无,多＞少,大＞小,层数多＞层数少。

3. 面阔间数

面阔间数也是判断建筑物等级高低的一个重要标志。在中国古建筑中,通常把四根柱子围成的空间称作"间"。而阔间数是指立面横向的间数,即立面横向二柱之间为一间,六根柱子则为五间。

　　唐代规定：皇宫正殿——面阔九间（清乾隆后增至十一间）；亲王正殿——面阔七间；一至三品正堂——面阔七间；四至五品正堂——面阔五间；六至九品正堂——面阔三间。

　　清乾隆时，把皇宫正殿增至十一间，乾隆就打破了原来以九为最高的等级制度，与之相对应，故宫太和殿也被扩建成面阔十一间。[①] 十一这个数乃是一个吉数，它由天数中位五与地数中位六结合而成，并可引申为天地和合之意。天地和合，则可使万物滋荣、国泰民安、江山永固。

　　4. 门钉

　　在北京天安门前可以看到门洞的门上有一颗颗排列有序、金光灿灿的大门钉，但各个建筑门上的门钉数却各不相同，这就与等级高低有关了。

　　门钉原本是起加固门和装饰门的作用，隋朝以来，门钉多少并没有特定的规制，但到了清朝门钉就与等级联系起来了。

　　清朝时，建筑物大门上的门钉体现了森严的等级规制：皇宫——纵横各九路（9×9）；亲王府——纵九横七（9×7）；一至三品官府——纵横各七路（7×7）；四至五品官府——纵横各 5 路（5×5）；五品以下官府——不准饰门钉。一般的平民百姓的大门决不允许有门钉之饰，否则就有杀头之罪。[②]

―――――――――

　　① 清乾隆时，把皇宫正殿增至十一间乃与北京的太庙（今"劳动人民文化宫"）有关。太庙是古代皇帝祭祀祖宗的地方，清代太庙后殿供奉四位远祖的神位，中殿供奉努尔哈赤、皇太极、顺治、康熙、雍正五位帝王的神位，前殿当时是面阔九间，每年年终合祭时，每一间都设供桌宝座一席，所以九间刚好够用。而到了乾隆晚年，乾隆为使自己死后神位能入祭太庙，便不得不把前殿加以扩建，为使殿堂对称，就在左右两侧各增建一间，合为十一间。

　　② 对于门钉的纵横数量的规制，有的也有例外。如北京故宫东华门的门钉，不是9×9，却是纵九横八。据北京建筑工程学院文化研究所韩增禄教授对历史和文化的考察，认为其奥秘乃与《易经》的五行学说有关。我们知道，故宫的宫墙四门与正殿太和殿的关系是一个正五行方位系统，它们之间存在着一定的相生相克的关系。就宫殿来说乃应以吉为上，这也可以说是一个最基本的但又是最重要的要求。根据《易经》的五行学说，东属木，西属金，南属火，北属水，中属土。凶相中尤以木克土为根本，为了避凶化吉，只有使东华门化阳木为阴木，因为阴木未必能克阳土。由于上述原因，就把东华门的门钉由9×9改为9×8了。

5. 门戟

为显示威仪,在建筑物的大门外列放着门戟(戟为古代兵器,长柄一端有金属制成的月牙形锋刃),其数量的多少也表示着主人的身份和等级。唐代规定:凡庙、社、宫、殿门外为24戟;东宫门外为18戟;一品官府门外为16戟;二品官府门外为14戟;三品官府及京兆尹、太原尹、大都督、大都护门外为12戟;下都督、下都护、中州、下州门外为10戟。

新中国成立后,在陕西西安发掘的唐代墓葬中,其壁画上都有门戟的显示。唐代懿德太子李重润是唐中宗李显的长子,因葬制"号墓为陵",所以墓内壁画上有门戟24戟,章怀太子和永泰公主的等级比他低,分别为14戟和12戟。

6. 台基与台阶

在中国古代建筑中,中轴线上的殿堂,一般下面都建有台基,其作用主要是:(1)防水避潮,保护殿堂(2)增加建筑物的气势,强化殿堂的巍峨庄严形象(3)标志着殿堂的等级。

在中国古代记载典章制度的经典著作《礼记》中,就对殿堂的台基有如规定:天子之堂——台基高九尺;诸侯之堂——台基高七尺;大夫之堂——台基高五尺;士之堂——台基高三尺。

从构造形式上来说,中轴线上殿堂的台基基本上有三种:多层须弥座台基——用于皇宫、坛庙中最重要的殿与祭坛;须弥座台基——用于重要的殿;平台式台基——用于一般殿堂。

须弥座最初用于佛座,"须弥"一词来自佛教圣山"须弥山",佛经中指"妙高山"。用"须弥"称名含有神圣、至尊之意。须弥座台基的基本特征是:台基四周有凹凸水平条纹、束腰、纹饰。

另外,台基也有有无围栏和层数多少之别,从等级规制上来说,有围栏的等级高于无围栏,一般正殿都有围栏,其台阶也为围栏阶。再有台基中,层数多的等级也高于层数少的,如北京故宫的太和殿(图3-9)、十三陵的长陵棱恩殿和天坛的祈年殿都设有三层围栏,为最高等级。

图 3-9　故宫太和殿的三层围栏

此外,古建筑中的台阶,是步入殿、堂台基的阶级,台阶的等级应该与台基的等级相一致,其基本形式有:正殿——围栏阶(石阶两旁设栏杆栏板);一般殿堂——垂带阶(石阶两侧各有一条垂带);次要建筑——如意阶(由大到小层层叠置成石阶)。

对于显赫高级的殿堂(如北京故宫的太和殿),步入殿堂的台阶往往是并列三道的台阶,中间一道台阶中间为置有巨龙、宝珠、海水和山石等图案的丹陛石(御路石),这既是神道的标志,又暗含"皇权至上、江山永固"之意。

7. 屋顶形制及琉璃瓦色

在中国古代建筑中,屋顶形制的不同也有着等级的差别。一般来说,屋顶有四种基本形式,即庑殿式、歇山式、悬山式、硬山式。每种形式的基本特征是:庑殿式——五脊四庑(庑即屋面,俗称坡);歇山式——九脊四庑;悬山式——五脊二庑,四条边脊悬挑于山墙之外;硬山式——五脊二庑,庑的边沿线落于山墙之上,庑与山墙为一交接线(山墙即两侧的墙)。

以上四种基本形式,再加上庑殿、歇山的重檐组合,则有六种屋顶形制。按其等级大小排列,依次是:双檐庑殿式＞双檐歇山式＞单檐庑殿式＞单檐歇山式＞悬山式＞硬山式。这六种屋顶形制再结合显示等级的琉璃瓦色彩,其具体形制是:宫殿——庑殿式、歇山式,正殿用双檐,黄色琉璃瓦;亲王府、寺庙——歇山式,正殿用双檐,绿色琉璃瓦;皇帝敕建的可用庑殿式及黄色琉璃瓦;官民住宅——悬山式,不准用琉璃瓦。

8.建筑物的平面图形

中国古代对建筑物的形状也有讲究,主要是突出帝王至尊的封建思想。如帝王陵墓的平面图形,在秦、汉、宋时期以方形为贵,象征帝王是大地的主宰。到了明代,明太祖朱元璋却画风突变,弃方形为圆形,清代亦随之,以圆形为尊,乃蕴含着"天圆地方"的观念,寓帝王是天子之意。

在北京北海公园内有一组非常有名的建筑,就是五龙亭(图3-10),五个不同形状的亭子由曲桥连接成一体,远眺犹如巨龙,似飘若动。其中中亭最为高大华丽,且为重檐圆顶,其两侧为双檐方顶,最外两侧为单檐方顶,从"天圆地方"的等级观念来考察,显然中亭双檐圆顶的等级最高,因为这是皇帝钓鱼、赏月、观焰火的地方;其两侧的重檐方亭等级次之,为高级文武官员陪同之用;外侧的两个方亭等级又次,为低一级的文武官员陪同之用。

图3-10　北海公园的五龙亭

9.柱色及门色

古代建筑中,森严的等级制度还表现在极为显眼的柱色与门色上。根据清代的建制,建筑物的柱色与门色的规制为:皇宫正殿——金色、红色;一至三品官府——红色;四品以下官府——黑色。《易经》中的五行学说认为,中为黄色,而皇帝是居中之位,因此明清时,把黄色作为皇帝的专用色。皇宫殿堂的柱子及屋顶的琉璃瓦都是黄(金)色,就不足为奇了。

10. 彩画

在中国古代宫殿、坛庙建筑和皇家园林中,还可以欣赏到绚丽多彩、金光灿灿的彩画。彩画原是为木构件防潮、防腐、防蛀之用,后来才突出其装饰性,宋代以后彩画已成为宫殿不可缺少的装饰艺术。清代的彩画要彩绘在檐内外各种木制构件上,其中以"枋"尤为突出。彩画按类型可分为金龙和玺彩画、旋子彩画和苏式彩画三大等级。

金龙和玺彩画——等级最高。中间绘龙凤图案,各种线条也多用金色,仅用于宫殿、坛庙的主殿和堂门。

旋子彩画——等级次于和玺彩画。其枋心部分由龙和锦纹来填充。其"找头"部位则是由花朵和旋纹组成的图案。各种线条用金显著减少。主要用于宫殿、坛庙的次要殿堂和庙宇的主殿,是彩画中运用最广的一种,其本身等级的高低由用金多少、图案内容和颜色层次又可分成七个级别。

苏式彩画——等级次于前两者。由图案和绘画两部分组成,绘画部分多集中在弧形的包袱线内,绘画题材有山水、花鸟、人物故事等,基本不用金。苏式彩画常用于皇家园林中。

11. 坟丘

从"坟墓"两字来解释,埋葬死人的地下部分为"墓",墓上地面筑起的土堆称"坟"。本来在远古时期是"古者,墓而无坟",大约从周代起,开始在墓上出现封土坟头,并按照官爵的等级决定坟头封土的大小和高低。

唐代以前按官爵等级规定,坟丘高度的标准是:一品——1.8丈;二品——1.6丈;三品——1.4丈;四品——1.2丈;五品——1丈;六品以下——8尺。

由于帝王以天子自尊,他死后的墓中筑有地宫,地下挖出来的土就堆在其上,坟就高大如山陵,所以帝王坟墓称之为陵。

12. 石像生

石像生即列置在陵墓前神道两侧的石人石兽。它们在此有多种作用：象征权力和威势；象征仪仗；象征祥瑞与辟邪；表示等级的大小；造成一种肃穆威严的谒陵气氛。

帝陵前石兽的种类和数量历来差异很大，就是同一朝代也因等级或尊卑的不同而有多少之别。如东汉大官僚墓前可用天禄和辟邪，而南朝以后，麒麟、辟邪等神兽只准帝陵前置放，臣子墓前只能用石狮。

唐代规定，一品以上官员墓前置石人、石虎、石羊各二；四至五品官员墓前置石人、石羊各二。

清朝帝陵前的石像生置放数量是：顺治皇帝陵前——置石人、石兽共 18 对；乾隆皇帝陵前——置石人、石兽共 8 对；其他清帝陵前——置石人、石兽共 5 对。

宋代帝陵前的石兽有象、瑞禽、独角兽、马、虎、羊、狮；明清帝陵前的石兽则为狮、独角兽、骆驼、象、麒麟。

三、"阴阳"文化内涵

阴阳观念的产生源于中国古人对于天象的仔细观察。自从有了八卦以后，古人便认为：天为阳，地为阴；日为阳，月为阴；上为阳，下为阴；高为阳，低为阴。阴阳观念及文化体现在中国传统建筑上，表现为显示尊卑、注意方位、分明上下和趋正辟邪等方面。

（一）显示尊卑

中国古代等级制度森严，其建筑中经常通过数字、色彩、高低、大小、方向、位次，或是材质、装饰、结构形式等方面，显示以阳为尊、以阴为卑的尊卑关系。比如北京故宫中，前朝用阳数，后寝用阴数就是其中一例。

（二）注意方位

在阴阳观念中，方向以南为阳，以北为阴，阳者尊，阴者卑。

如古建筑都坐北朝南,尤其是北京故宫的中轴线正处在南北子午线上,而其他的古建筑群都一概按等级大小与子午线有一定的偏角。在建筑布局上,北京故宫以乾清门为界,可分前朝和后寝两大部分:前朝是皇帝举行大典的地方,属阳,按奇数布设为五门三殿;后寝是帝后的寝宫,属阴,按偶数布设、在东西六宫外侧,因东为阳,故东为太子、太上皇所居;西属阴,乃为后妃、太后所居。古时,特别是宋太祖以后采取了抑制武将、推崇文臣之官制,故北京故宫的文华殿在东,武英殿在西。大朝之日,百官按文东武西的顺序入午门。

北京紫禁城东、南、西、北的四周城门的门洞(共 14 个)都为内圆外方,其深层的文化内涵,就是以"天圆地方"的观念象征君臣、君民之间上尊下卑之礼制。北方四合院中,面南的北房(正房)为长辈所居,东、西两厢为子孙所住,面北的南房(倒座房)为仆人居所或堆放杂物的地方。这种礼制明确地体现了封建社会的尊卑、长幼和主仆之间的区别。另外,在浙江民居中,灶房的烟囱常位于房屋之东。同样,一般的城楼,东面的城楼常比西面的城楼高。因为东为阳,西为阴,东高则风水盛。

(三)分明上下

中国古建筑的阴阳观念也注意上下尊卑。比如,陵墓从其阴阳属性来说属阴,既然是阴宅,根据上为阳下为阴之说就应该在地下,所以中国历来都实行深葬制度。更引人注意的是,自古以来,我国古代建筑一直以木结构为主体,这是由于人居之地必须为阳,木属阳,但砖石属阴,故而阴宅(墓葬)则都为砖石结构。进而认为,凡楼阁则以上为尊,下为卑,一般上供佛或收藏佛经、书画,下堆放杂物。如上海玉佛寺的藏经楼一上供奉玉佛和藏经,下为方丈室。

(四)趋正辟邪

阴阳观念中以正为阳,邪为阴,故在古建筑的装饰中,往往用百般威猛的阳物来做建筑的镇邪之物,如大门口的石狮、门铺上的椒图、殿脊、殿脊上的螭吻,以及飞檐翘角上的仙人走兽等等。在佛寺天王殿内,四大天王横眉怒目、姿态威严,而被其踏在脚下的鬼怪则呈现出惊惧之状,正邪之别一清二楚。又如浙江杭州岳飞墓墓阙后两侧有四个铁铸奸贼像(秦桧、王氏、张俊、万俟卨),反剪双手,面墓而跪,形成正邪鲜明的对比。

第四节　传统建筑的装饰语言

内檐装饰和外檐装饰是中国传统建筑中装饰艺术的主体内容和精华所在。不仅仅是由于它丰富的纹样、材料和工艺,更主要的是它体现出古代中国人对于建筑和装饰艺术的一种认识。在中国古代建筑中,装饰作为建筑的一部分,相对独立地与建筑主体合二为一。在建筑中除了内、外檐装饰之外,中国建筑的屋顶装饰也是不可忽视的一个重要部分。

一、中国传统建筑装饰的类别表现

依据工艺类型,中国古代建筑装饰分为大木、小木、砖、瓦、石、油、雕等诸作。大木作是木结构主要构件,主要包括柱、梁、斗栱、雀替、牛腿等;小木作是中国古代建筑中非承重木构件的制作和安装专业;砖瓦作包括屋顶、墙面、地面、台座等砖瓦构件;石作是对台基、栏杆、踏步和建筑小品等石构件的工艺;油饰彩画作是对木结构表面进行艺术加工的一种重要手段,有时个别砖石建筑表面也作油漆彩画。

在宋《营造法式》中,归入小木作制作的构件有门、窗、隔断、栏杆、外檐装饰及防护构件、地板、天花(顶棚)、楼梯、龛橱、篱墙、井亭等42种。清工部《工程做法》称小木作为装饰作,并把面向室外的称为外檐装饰,室内的称为内檐装饰。外檐装饰是房屋与室外分割的构件,起着围护、通风、采光等功能,同时也是形成建筑风格的重要部位;内檐装修有纱隔、花罩及屏等部分。

以上诸多工艺类型中,与建筑装饰关系密切的有小木作、雕作和油饰彩画作。因此在传统建筑工艺分类的基础上,本书对中国传统建筑装饰的分类方式为:依据建筑的部位分为外檐装饰、内檐装饰、屋脊装饰、地面装饰四个装饰部位;依据装饰的制作工艺和技术分为雕刻工艺和彩绘工艺两大种。

二、中国传统建筑装饰的特征分析

(一)色彩分明、对比度强

中国传统建筑的色彩的使用是我国古代建筑显著的特征之一。各种色彩在中国各朝代中占有不同的地位,中国古建筑多使用对比度强、色彩分明的颜色,使得中国古代建筑显得轮廓分明、富丽堂皇。

中国古代建筑所选择的色彩具有明显的倾向性,比较喜欢用红、黄、绿这些表示吉祥的颜色。另一方面,古代建筑用色受到严格的封建等级制度的影响,黄色最为尊贵,是皇家建筑的专用色,而一般民居多用白墙灰瓦褐梁架。中国古代皇家建筑的色彩具有强烈的原色对比,构成富丽堂皇的色彩格调;中国古代民居的白墙灰瓦,栗色的梁架与自然环境形成鲜明的色彩对比,显示出民居的自然、质朴、秀丽、雅淡的格调。

(二)一切建筑部位或构件都要美化

中国古代建筑对于装修、装饰极为讲究,一切建筑部位或构件都要美化,所选用的形象、色彩因部位与构件性质不同而有别。

台基和台阶本是房屋的基座和进屋的踏步,但做上雕饰,配上栏杆,就显得格外庄严与雄伟。屋面装饰可以使屋顶的轮廓形象更加优美,如故宫太和殿,重檐庑殿顶,五脊四坡,正脊两端各饰一龙形大吻,张口吞脊,尾部上卷,四条垂脊的檐角部位各饰有九个琉璃小兽,增加了屋顶形象的艺术感染力。

门窗、隔扇属外檐装饰,是分隔室内外空间的间隔物,但是装饰性特别强。门窗以其各种形象、花纹、色彩增强了建筑物立面的艺术效果。内檐装饰是用以划分房屋内部空间的装置,常用隔扇门、板壁、多宝格、书橱等,它们可以使室内空间产生既分隔又连通的效果。另一种划分室内空间的装置是各种罩,如几腿罩、落地罩、圆光罩、花罩、栏杆罩等,有的还要安装玻璃或糊纱,绘以花卉或字画,使室内充满书香气味。

天花即室内的顶棚,是室内上空的一种装饰。一般民居房屋制作较为简单,多用树条制成网架,钉在梁上,再糊纸。重要建筑物如殿堂,则用枝条在梁架搭制方格网,格内装木板,绘以彩画。藻井是比天花更具有装饰性的一种屋顶内部装饰,它结构复杂,下方上圆,由三层木架交构组成一个向上隆起如井状的天花板,多用于殿堂、佛坛的上方正中,交木如井,绘有藻纹,故称藻井。

在建筑物上施彩绘是中国古代建筑的一个重要特征,是建筑物不可缺少的一项装饰艺术。它原是施之于梁、柱、门、窗等木构件之上用以防腐、防蠹的油漆,后来逐渐发展演化为彩画。古代在建筑物上施用彩画,有严格的等级区分,庶民房舍不准绘彩画,就是在紫禁城内,不同性质的建筑物绘制彩画也有严格的区分。其中和玺彩画属最高的一级,内容以龙为主题,施用于外朝、内廷的主要殿堂,格调华贵;旋子彩画是图案化彩画,画面布局素雅灵活,富于变化,常用于次要宫殿及配殿、门庑等建筑上;再一种是苏式彩画,以山水、人物、草虫、花卉为内容,多用于园苑中的亭台楼阁之上。

中国传统建筑装饰以"三雕"为主,即木雕、石雕和砖雕,其中木雕的数量和质量是"三雕"之首。古代建筑上的装饰细部大部分是由梁枋、斗栱、檩椽等结构构件经过艺术加工而发挥其装饰的效用的。古代建筑综合运用了我国工艺美术以及绘画、雕刻、书法等方面的成就,使得建筑外观变化多端、丰富多彩,充满中华民族风格的气息。

建筑物上雕刻的内容主要体现了古代人民的文化理想，表现了人们对美好生活的追求。不同的雕刻内容有着不同的寓意。例如，龙是中华民族的象征，也是帝王和权力的体现；梅兰竹菊清雅不畏严寒，象征文人高洁的品格；而荷花和梅花组合起来的雕刻表示"和和美美"。由于建筑上木雕的内容和人们的生活密切相关，深入日常生活的每个角落，从而深刻地体现出中国传统的文化特征。

三、外部装饰语言

（一）门——板门、隔扇门和屏门

1. 板门

板门主要用于宫殿、庙宇、府第的大门以及民居的外门，为木板制造。大门是给人第一印象的重要部位，是社会地位和经济实力最主要的物化象征。因此门的色彩装饰和造型装饰都有严格的规定。

（1）色彩装饰

封建时代，宫殿朱门。朱门是等级的标志。汉代卫宏《汉旧仪》记载：丞相"听事阁曰黄阁，不敢洞开朱门，以别于人主，故以黄涂之，谓之黄阁"。朱漆大门，是至尊至贵的标志，被纳入"九锡"之列。明代初年，朱元璋颁布官民第宅之制，对于大门的漆色有明确的规定。图3-11为乾清门。

中国传统建筑中，凡建筑功能相同或类似的装饰，在构造方式、榫卯结合、制作安装工艺方面都十分相近。各类门窗都为槛框构造，即在柱枋间安设上槛（贴枋下皮安装之槛）、中槛（位于上、下槛之间的槛）、下槛（贴地面安装之槛），以及抱框、间柱，以确定门窗大小尺寸和固定门窗扇。

图 3-11　乾清门

（2）造型装饰

门的造型装饰体现为门簪、门钉、门环和铺首,具体见表3-2。

表 3-2　门的造型装饰

名称	造型装饰表现
门簪 （图 3-13）	门簪是将连楹固定在上槛的构件,少则两枚,通常四枚,或多至数枚。门簪有方形、长方形、菱形、六角形、八角形等样式,正面或雕刻,或描绘,饰以花纹图案。门簪的图案以四季花卉为多见,四枚分别雕以春兰夏荷秋菊冬梅,图案间还常见"吉祥如意""福禄寿德""天下太平"等字样。只两枚门簪时,则雕刻"吉祥"等字样。
门钉 （图 3-14）	门钉最初是出白木板门的工艺需要,后发展为门面上的装饰。清代时对门钉数量有严格规定,最多为皇宫城门上的门钉,每扇门9排,一排9个,共81个,其余建筑中门钉依据等级逐渐减少。
门环和铺首 （图 3-15）	门扇上的带有功能性的装饰构件是门环和铺首——含有驱邪意义的传统门饰。铺首多为铜质,也有铁制者。在《汉代图案选》图集中,载有朱雀、双凤、虎、狮、螭等兽头状铺首,秦咸阳宫遗址出土过虎头变形青铜铺首。

图 3-12　门簪

图 3-13　门钉

图 3-14　门环和铺首

2. 隔扇门

隔扇始见于唐末五代,苏州一带称长窗,是用于建筑外檐,分隔室内外的一种建筑构件。隔扇门通长落地,装于上槛与下槛之间(较高大的房屋加设横风窗时,则装于中槛之下),如图 3-15 所示。

图 3-15　隔扇门

隔扇门有透光性和易拆卸的优点,使其成为全国通用的门型。隔扇门中隔扇心极富变化,北方图案较为朴素,宫殿建筑中多用三交六碗、三交四碗等图案。民间住宅建筑的隔扇门中图案则灵活多变,花纹有直棍、平棂、方格、井口、书条、十字、冰纹、锦纹、回纹、万川、六角、八角、灯景等几何纹样,以及动物、植物、文字等自然和其他图案,不胜枚举。隔扇门的裙板与绦环板(夹堂板)大部分做雕饰,有的做浅浮雕,有的做镂空透雕,内容题材多种多样,繁简不一。

在宫殿建筑中的隔扇门中还有一些功能性的金属饰件,包括单拐角叶、双人字叶、双拐角叶、看叶等。这些金属构件上布满装饰纹样,通常根据建筑的等级和隔扇门的颜色决定金属颜色的选择。

3. 屏门

屏是用四扇、六扇或八扇大小相同的板扇组成平整光滑的板壁。北京地区多用于四合院内垂花门处,南方多用于园林和住宅的厅堂里,装在后金柱当心间部位,以遮挡后檐的出入口或楼梯。屏门多为绿色油饰,红底金字斗方。南方有的屏门是由纱隔组合而成。

(二)围护装饰——栏杆

栏杆是中国古代建筑中最常用的构件之一,主要功能是围护作用。在汉代的画像石、画像砖及汉明器上可以看到早期栏杆的形象。隋唐时期,重要建筑的台基上已使用石制栏杆。大唐明宫遗址出土的石望柱,以及隋代至今的安济桥上的石栏杆的实物资料都可以说明栏杆的使用情况。宋辽金时期,栏杆的花纹发展成各种几何纹样的栏板,在宋《营造法式》上载有图样和做法。明清时期的石栏杆已形成一套定型比例和加工技术,在宫殿、寺庙、桥梁等建筑上广泛使用。

与此同时,各种木制花栏杆在居民、园林建筑中也很盛行,在计成的《园冶》卷二中载有100余种花栏杆的图样,并为许多建筑所采用。从江南园林中保留的明清实物可以看出当时的技艺水平和艺术成就。

栏杆的种类很多,按照材料不同可分为木栏杆(图3-16)、石栏杆、砖栏杆、铁栏杆等数种,其中以木栏杆、石栏杆使用最多;按照形式可分为寻杖栏杆、花栏杆、栏板式栏杆等。

图 3-16　木栏杆

（三）挂落

挂落（楣子）是安装于建筑檐柱间（如民居中正房、厢房、花厅的外廊或抄手游廊）的兼有装饰和实用功能的装饰。通常与下面的座凳栏杆（楣子）上下呼应，成为上下透露的统一装饰。挂落构图讲究对称，一般为两端，或中间和两端向下突出，根据开间的大小进行组合成对称图案，如图 3-17 所示。

图 3-17　挂落

中国传统建筑当中，栏杆和挂落是两个装饰作用很强的功能构件。它们通透的特征和多变的内部图案极大地调整了建筑最终的视觉效果。

（四）窗——槛窗、支摘窗

1. 槛窗

槛窗（图 3-18）是立于砖槛墙上的窗，构造如隔扇门。窗的比例和棂格芯通常与隔扇门统一考虑,形成完整的构图。南方应用普遍,但是用木板壁代替砖槛墙。园林中槛墙较矮,在半墙上设坐槛,可以坐人。

图 3-18　槛窗

2. 支摘窗

支摘窗是华北、西北一带常见的民居窗型。窗体分为上下两个部分,上段可以支起,内附沙扇或卷纸扇,用于通风换气;下段可将外部油纸扇摘下,故称支摘窗(图 3-19)。内部另有棂格扇或玻璃,可用于采光。棂窗图案多为步步锦、灯笼框、龟背锦等。江南地区称支摘窗为和合窗,窗下设栏杆,后钉裙板。窗扉呈扁方形,其中图案随长窗而定。也有窗下用砖墙代替栏杆的做法。

图 3-19　支摘窗

(五)外部装饰语言的总结

根据上面的论述,中国传统建筑中门、窗的装饰形式可以概括为以下两大类。

（1）针对表面的装饰,主要以色彩装饰和造型装饰构件为主,如板门中的门钉、铺首,隔扇门中的金属构件等。

（2）以图案为主的装饰,主要体现在隔扇门和窗中的隔心部位。

第一类的装饰手段是以色彩对比和造型的凹凸变化,在视觉上创造表面的主次关系,强调被装饰部位的重点;而第二种装饰手法并不是为了强调任何重点,而是利用光线与建筑构件之间的关系,形成表面的明暗变化。虽然在隔扇门和窗中使用各种图案是出于采光的功能需要,但是之所以这个部位会产生如此丰富的装饰变化,则是由于各种疏密不同的图案透过光影带给人的多样的感官体验。在建筑中,隔扇门和窗中的图案装饰起着极为重要的作用,是人与室外景观交流的媒介。中国传统建筑门窗的通透形式,以及其中图案的使用,在人与建筑之间形成了一个新的界面,不但带给人直接的视觉享受,还为室内空间创造了更为丰富的光影形态。

四、内部装饰语言

（一）隔断

1.碧纱橱

碧纱橱,南方称为纱隔,形状、做法与隔扇门相同。满间安装六扇、八扇、十二扇不等,除中间两扇开启之外,其余为固定扇。碧纱橱的材料一般为硬木,如紫檀、红木、铁梨、黄花梨,民居中也有以楠木、松木为材料。这类隔断常做成双层,两面都可观看。中间糊纱、绢等,上绘制山水、花草。南方建筑中有时隔扇心部分不做花纹,用木板镶于边挺和抹头组成的框内,木板上刻花草、鸟兽、山水或诗文,涂以石绿色或白色。宫殿建筑中碧纱橱做工极其精致,用料丰富考究,往往镶嵌玉石、螺钿等各种其他材料。

2.罩

罩是一种示意性分隔室内空间的构件,室内空间由于罩的安置被划分成连通的不同区域,以满足不同的使用功能。罩是中国传统建筑中最具有现代空间概念的建筑装饰构件。中国古建木装饰中的罩种类多样,有几腿罩、落地罩、落地花罩、栏杆罩、炕罩等,如表3-3所示。

表3-3 中国古建筑木装修中的罩

类别名称	特征分析
腿罩	开间左右立短柱,支撑上部木制雕刻花板
落地罩	开间左右立一道隔扇,上有横披窗,转角处设花牙子,中间通透。地罩又有不同的形式,常见者有圆光罩、八角罩以及一般形式的落地罩、各种花罩
栏杆罩	开间两侧设柱,柱间为一段栏杆造型
花罩	本质是落地几腿罩,内轮廓呈对称式不规则形状。整槛雕刻花板通常有明确的装饰母题,诸如"岁寒三友(松、竹、梅)""喜鹊登梅""松鼠葡萄",以及缠枝纹、芭蕉纹等。雕刻工艺采用透雕技法,两面成形,是奢侈昂贵的装饰品。洞门式花罩,内部轮廓呈圆形(圆光罩)、八角(八方罩)、长八角、方形等,在四周布置各种纹样

3.太师壁

太师壁多用于南方住宅,在苏州的一些园林建筑中使用。位于堂屋后壁中央,两侧靠墙处各开一小门。壁前设条案和八仙桌椅,为南方厅堂的典型布局。

(二)天花

1.井口天花

井口天花的制作方法是在天花梁下悬吊井口枝条,于井口方格内托背板(每格一板,规格相同),与宋代平棋天花所用大背板的做法不同。井口天花的装饰以彩绘为主,有一套严谨的绘制制度。宫殿建筑中井口天花也有不采用彩绘,而以楠木等名贵木材雕刻为装饰。

2.海墁天花

海墁天花的做法是用木格钉成方格网架,悬于顶上,架上钉板、糊纸,或按井口天花规制绘制彩画裱糊在网架之上。

3.其他形式的天花

其他形式的天花有木顶格,木顶格用于一般住宅建筑,作法是在木条网架上糊纸。江南一带建筑中的天花做法是,用复水重檐做出两层屋顶,椽间铺以望砖。

(三)藻井

藻井(图3-20)是室内天花的重点装饰部位,多见于宫殿、坛庙、寺庙建筑,安装于帝王宝座或佛堂佛像顶部天花中央。藻井是一种历史悠久的装饰手法,南北朝之前的藻井构造多为方井或抹角重叠方井;六朝隋唐时多用斜梁支撑的斗四、斗八井;辽宋时期大量使用斗拱装饰藻井;元明时期藻井造型细致复杂,除了增加斜拱等异形斗拱之外,还在井口周围添置小楼阁、仙人,藻井造型也出现菱形井、星状井等。

图3-20 藻井

清代藻井雕饰工艺明显增多,龙凤、云纹遍布井内。中央明镜部位多以复杂的蟠龙造型为主,有时口衔宝珠。清代藻井用金明显增多,不仅宫殿建筑中的藻井遍贴金箔,一般会馆、祠堂也大量贴金。盛行于宋明时代的小楼阁等装饰逐渐不再被使用。

五、屋面装饰语言

中国古代建筑的屋顶,具有防风、防漏和坚固耐久的功能,各种屋顶形式和瓦件的装饰作用,成为中国古代建筑的一个突出特征。

屋脊是屋顶上的重要组成部分,是屋顶两坡之间的交接部位,是整个屋面防水的薄弱环节,在构造上必须加以覆盖和作各种处理。不同的屋顶形式,均有一系列的传统做法,以保证防风防漏的功能需要,同时屋脊又是屋顶上的重点装饰部位,它影响着屋顶轮廓线的变化。中国古代匠师们在长期的实践中形成了一定的审美和结构相结合的表现方式,从而产生了丰富多彩的脊上装饰。

汉代屋顶装饰比较常见的是在门阙、殿堂的屋脊上装饰朱雀(凤鸟),三国时仍沿用这种装饰形式。北朝石窟中屋形龛上显示的脊中鸟形装饰是存留的一些实例。明清官式建筑中正脊部位造型装饰很少。一些地区民居建筑中,这一部位的装饰造型复杂多样。简单的用板瓦叠成芝花、金钱或用砖雕成福寿字等形式,复杂的则雕成各类花卉、仙人、瑞兽等各种造型。

位于建筑物正脊两端的装饰构件隋唐时期称为鸱尾,明清称为正吻,通常用于宫殿、衙署等规格较高的建筑物。南北朝时期这一做法已比较普遍;隋唐时期,鸱尾是建筑正脊两端最常用的装饰,不仅宫殿、佛寺、衙署、贵族宅邸中也可以使用鸱尾;中唐至晚唐时鸱尾发展成带有短尾的兽头,称为鸱吻;明清时这一构件为龙头造型。龙吻发展形成多种形式,并日趋华丽,成为宫殿、陵墓、寺庙建筑普遍使用的脊上装饰。

民居建筑中相对等的位置装饰在不同地区差异很大,简单的如北京地区清水脊两端的"鼻子"(或称蝎子尾),复杂的有类似"吻"的"鳌鱼"。南方建筑中,根据做法和式样不同分为游脊、甘蔗脊、纹头脊、雌毛脊、哺鸡脊、哺龙脊等。其中哺鸡脊等级最高,用于大的宅第及园林的厅堂建筑上;一般民居则用甘蔗脊。甘蔗脊是在脊的两端制回纹装饰;纹头脊的两端要缩进山墙约 40 厘米,然后将脊稍稍抬高,下边做勾子头,两端做各种式样的纹头或卷草纹样;雌毛脊和游脊等形式,种类繁多,在此不一一尽述。

除正脊和垂脊相交处置正吻,檐角还有仙人和多种样式的走兽。故宫太和殿中殿顶檐角小兽按规定的顺序由前而后分别是龙、凤、狮子、天马、海马、狻猊、押鱼、獬豸、斗牛、行什,最前端为一个骑凤仙人,是制式最高的檐角装饰。各种琉璃装饰构件的式样和大小,是由宫殿的等级而决定的。太和殿的正吻由十三块琉璃构件组成。正吻通高3.4米,重4.3吨,檐角小兽是十个。乾清宫是皇帝居住和办理政务的地方,其地位仅次于太和殿,因此屋面装饰的琉璃构件也小于太和殿,檐角小兽用九个(减去行什)。坤宁宫明代是皇后的寝宫,清代是祭神和结婚的洞房,屋面装饰瓦件也缩小型号,檐角小兽是七个(减少獬豸、斗牛、行什三个)。东西六宫是妃嫔的生活区,屋面瓦件又小一些,檐角小兽是五个。其他配殿和门庑比主殿屋面琉璃瓦件相应缩小型号和减少檐角小兽。一些用琉璃瓦装饰的小房和门的屋顶,所用的琉璃构件型号更小,檐角的小兽有的仅用一个或者不用。

江南园林建筑中,根据不同的屋面坡度选用不同的起翘方式,有的挺拔有力,有的平缓舒展,形成了翼角轻盈、体态玲珑的建筑屋顶造型。翼角经常装饰水纹、回纹、风穿牡丹等各种图案。南方民居的山墙,由于防火的需要,一般都要高出屋面,外观形式多样,有观音兜、马头墙等等,同时在山墙上施以各种装饰。民间建筑十分注重屋顶装饰,通常大量使用造型装饰,并且用对比强烈的色彩。

中国传统建筑中宫殿、庙宇等高制式建筑物的屋面,大都是用不同颜色的琉璃瓦覆盖,如图3-21所示的故宫角楼。根据建筑物的功能和等级,确定屋面装饰;根据不同的屋顶样式,确定屋面各类型脊的使用和瓦件的选择。屋面所覆瓦有板瓦和筒瓦之分,板瓦面微凹扁而宽,相叠成行,并比排列;筒瓦即半圆形瓦,覆盖板瓦两行边缘、相接成陇。瓦的使用构成了屋面的色彩装饰元素。

图 3-21　故宫角楼琉璃瓦

第四章 | 地域风情——汉族各地区的特色建筑

在汉族人民生活繁衍的过程中，不同地区的人民创造了富有各具地方特色的建筑。如北方的窑洞、四合院，南方的土楼、江南民居等，十分富有地方特色。这些民居建筑不仅满足了当地人的居住需求，还形成了民居建筑文化。本章内容将从汉族民居建筑的角度展开，论述其独特的艺术风貌。

第一节　北方建筑

一、四合院

（一）四合院的概念及类型

在中国建筑发展史上，四合院这种建筑是中国民居最典型的建筑形式。

所谓四合院，是指由东、西、南、北四面的正房、厢房和倒座围合起来而形成的内院式布局的住宅的统称，也可以称为"合院"。

从结构上看，由四面房屋围合起一个庭院，为四合院的基本单元，称为一进四合院，两个院落即为两进四合院，三个院落为三进四合院，依此类推。从规格上看，四合院一般有大、中、小三种。

如果可供建筑的地面狭小，或者经济能力有限的话，四合院又可不建南房，称为三合院（见图 4-1、4-2）。

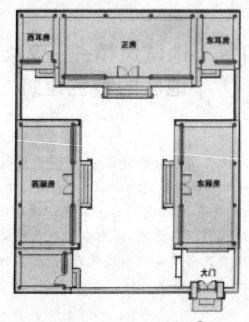

图 4-1　三合院平面图 ①

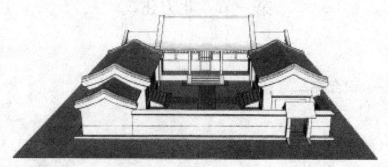

图 4-2　三合院三维模型

由于建筑面积的大小以及方位的不同，从空间组合来讲有大四合院、小四合院、三合院之分。

---

① 本节手绘图引自：贾珺，罗德胤，李秋香.北方民居 [M].北京：清华大学出版社，2010.

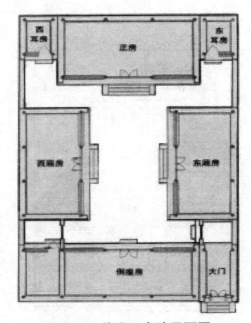

图 4-3　单进四合院平面图

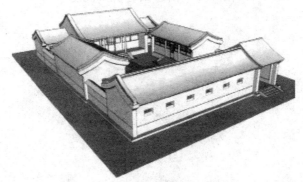

图 4-4　单进四合院三维模型

　　小四合院布局较为简单，一般是北房（又叫正房）三间，一明两暗或者两明一暗；东西厢房各两间；南房（又叫倒座）三间（见图 4-3、4-4）。

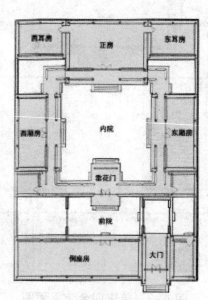

图 4-5　两进四合院平面图

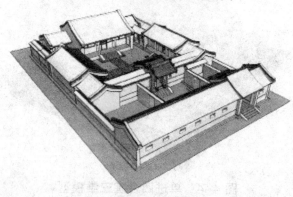

图 4-6　两进四合院三维模型

　　中四合院一般都有三进院落,正房多是三间或七间,并配有耳房,正房建筑高大。东、西厢房三间或五间,房前有廊以避风雨。另以山墙隔为前院(外院)、后院(内院),山墙中央开有垂花门。垂花门是内外的分界线。民间常说的"大门不出,二门不迈"的"二门"指的就是这道垂花门(见图 4-5、4-6)。

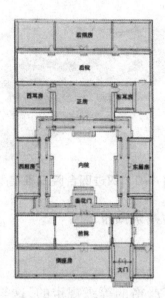

图 4-7　三进四合院平面图

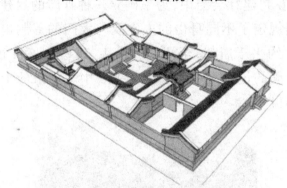

图 4-8　三进四合院三维模型

　　大四合院又称作"大宅门",房屋设置可为南北房各五间或七间,甚至还有九间或者十一间的正房,一般为复式四合院,即由多个四合院向纵深相连而成。院落极多,有前院、后院、东院、西院、正院、偏院、跨院、书房院、围房院、马号,可分为一进、二进、三进……院内均有抄手游廊连接各处,抄手游廊是开敞式附属建筑,既可供人行走,又可供人休憩小坐,观赏院内景致(见图 4-7、4-8、4-9)。

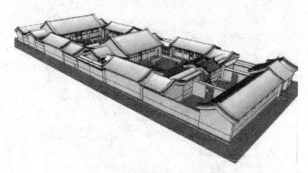

图4-9　四进四合院三维模型

(二)四合院门的建筑细节

1. 大门

四合院大门是有严格的等级规定的,这与中国传统文化理念息息相关。在封建社会当中,为了确立一种森严的封建统治秩序,统治者明确规定了不同身份的人宅院与大门的形制也各有不同,这种惯例大约兴于唐朝,至清朝才结束,这些制度在很多文献资料中都有明确的记载,例如《大清会典》中就记录的十分明确(见图4-10、4-11)。①

图 4-10　恭王府大门

---

① 《大清会典》中记载了顺治九年对于北京四合院"门"的规定:亲王府"基高十尺,正门广五间,启门三,均红青油饰,每门金钉六十有三";郡王府、世子府"基高八尺,正门金钉减亲王七分之二";贝勒府"基高六尺,正门三间,启门一,门柱红青油饰";贝子府"基高二尺,启门一";"公侯以下官民房屋,台阶高一尺,柱用素油,门用黑饰"。

图 4-11　恭王府二门

　　四合院的大门有两种形式，即屋宇式和墙垣式。屋宇式比墙垣式大门的级别高。通常来讲，在屋宇式四合院中居住的人可能在朝中为官，也可能是一些社会名流或有钱人。屋宇式大门根据门柱位置的不同，又有广亮门、金柱门、蛮子门和如意门的划分。

　　广亮门的形式是位于中柱间，大门的里外都是门洞，且面积相等（见图 4-12、4-13、4-14、4-15）。

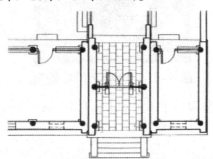

图 4-12　广亮大门平面图

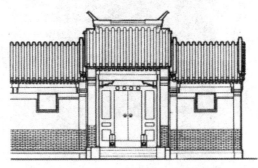

图 4-13　广亮大门立面图

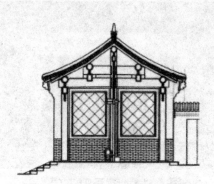

图 4-14 广亮大门剖面图

图 4-15 广亮大门实景图

金柱门的形式为,门在金柱间,门外的门洞比门里的门洞小(见图 4-16、4-17)。

图 4-16 金柱大门实景图

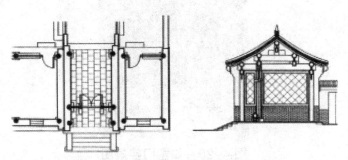

图 4-17　金柱大门的平面、剖面图

蛮子门直接安放在檐柱上,门外没有门洞(见图 4-18、4-19)。

图 4-18　蛮子门实景图

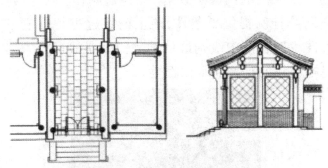

图 4-19　蛮子门的平面图、剖面图

广亮大门、金柱大门、蛮子门都是一开间,如意门不足一间,门的位置与蛮子门相同(见图 4-20、4-21)。

图 4-20　如意门实景图

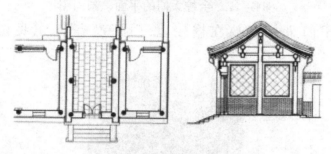

图 4-21　如意门平面图、剖面图

以上的大门中广亮门的级别是最高的。一些当官的人通常会在门框、顶瓦上面进行一些装饰，这是为了显示他们的身份门第，装饰物一般有"雀替"和"三幅云"两种（见图 4-22、4-23）。它们都为木结构部件，大门上有这二者，就表明了官员和平民百姓的区别。在大门的门簪上还有一块板，叫作"赶走马板"，这一长方形空间给挂匾提供了条件，匾上的字迹也是住宅主人身份、职业的象征。四合院中级别最低的大门就是墙垣式大门了，在这种四合院中居住的是普通平民百姓。

图 4-22　四合院装饰物——雀替

图 4-23 三幅云雕饰

2. 门口装饰

四合院的门饰也有许多的规定,这也是封建社会等级制度的一个体现。唐代诗人杜甫写道:"朱门酒肉臭,路有冻死骨。""朱门"就是形容贵族的宅第装饰的。在古代,对门漆颜色的规定很严格,如果逾制,就是犯了大罪。

门礅是四合院建筑中的重要组成部分,它能够支撑正门和中门的门框、门槛,以及门扇的枕石;与此同时,它也能起到很好的装饰作用,和大门口的其他装饰互相映衬,充分体现了住宅主人的门第和社会地位,让门面也增添了几分庄严和优雅。元代时,北京门礅就已经大规模出现了。后来满清政府入关后,把这一制度沿袭了下来,不同的门墩种类象征着不同的地位身份(见图4-24、4-25)。①

一般来说,小型和中型四合院是普通居民的住所,大四合院则是府邸、官衙庙宇等建筑形式。深宅大院与普通百姓的大门有着非常大的区别,我们从大门上就可以清楚地看出民居的等级。现在,北京一些已经改造过的四合院保护区的大门,依然可以看到这种区别。

① 北京型门礅形式多样,但根据特点大致可分为五类,每一类别都有不同的作用,代表着房屋主人的身份、地位:狮子型门礅——皇族;抱鼓型或箱子型有狮子门礅——高级文官;抱鼓型有兽吻头门礅——低级武官;箱子型有雕饰门礅——低级文官;箱子型无雕饰门礅——富豪;门枕石——富家市民;门枕木——普通市民。

图 4-24　抱鼓型门墩

图 4-25　石狮子门墩

3. 垂花门

中国有句俗语叫做"大门不出,二门不迈",说的是古代深宅大院小姐的生活状态。事实上,这个"二门"在四合院当中指的就是垂花门。

垂花门的屋顶采用的是一种叫作卷棚悬山的形式(如下图所示)。还有更为复杂的样式叫一殿一卷①,看上去非常别致(见图4-26、4-27)。

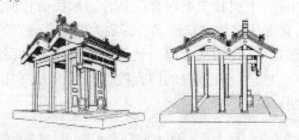

①　一殿一卷垂花门,分成两个部分,前面是一个带正脊的悬山,后面是一个卷棚悬山,二者以勾连搭的方式组合在一起。

图4-26　一殿一卷垂花门三维模型

图4-27　一殿一卷垂花门实景

我国各地的四合院根据地域的差异又有一定的区别,比如北京四合院的中心庭院从平面上看基本为一个正方形,山西、陕西一带的四合院,院落则是一个南北长而东西窄的纵长方形,而四川等地的四合院,庭院又多为东西长而南北窄的横长方形,体现了统一中的变化。

(三)北京四合院

在人们的印象当中,北京四合院就是那些官宦人家和富贾们居住的"深宅大院"。这样的理解有一定道理,但并不严密。北京城内的一些王府的确是北京四合院的典型代表,但北京四合院的源头是小胡同里的普通民居。那些小四合院虽然面积和规模有限,但却是北京厚重的历史与鲜明的地域文化中不可磨灭的印记。

北京四合院形制规整,做法成熟,在中国民居建筑中十分具有典型性。它按南北纵轴线布置房屋和院落,一般主要建筑为抬梁式梁架和硬山式屋顶,墙垣厚重,对外不开放,靠朝向内庭院的一面采光,故院内噪声低、风沙少。其主体布局一般为"一正两厢",即坐南朝北的为正房,一般为三间,位于中轴线上,中间一间向外开门,称为堂屋(明间),是家人起居、招待亲戚或年节时设供祭祖的地方;两侧为宅主或长辈的住所,在长幼有序、尊卑有别的礼制观念下,位置优越显赫的正房,都要给长辈居住,东西厢房,为晚辈的住处(见图4-28、4-29)。

图4-28 恭王府正殿

图4-29 四合院中的厢房

四合院各个方向的房屋各自独立,东西厢房与正房、倒座的建筑本身并不连接,而且正房、厢房、倒座等一般都为一层,没有楼房,连接这些房屋的只是转角处的游廊。这样,从空中鸟瞰,就像是四座小盒子围合一个院落,宽敞开阔,阳光充足,视野广大。整个住宅有着明确的流线层次,以最常见的三进式四合院为例:从大门进入,经影壁指引向西进入前院,前院南侧是倒座的南房(见图4-31),为客房、书斋或男仆住房;经前院跨过垂花门就是内院,为家庭主要的活动场所,东西两侧为厢房,正北的是正房,正房两侧较低矮的称为耳房(见图4-30);正房后部为后院,是家庭服务用区,后罩房则居于宅院的最北部。

图 4-30 耳房　　　　　　　图 4-31 倒座房

在规模比较大的四合院中,除了主要的建筑,还有一些细节建筑,能够为整个院落增添不少特色,如后罩房、游廊等(见图4-32、4-33)。

图 4-32 后罩房　　　　　　图 4-33 游廊

四合院给人以东方式的、中国古老文化凝聚起来的情感上的感受。清代有句俗语形容四合院内的生活:"天棚、鱼缸、石榴树;老爷、肥狗、胖丫头。"这可以说是四合院生活典型的写照。北京的宅院里多种西府海棠、临潼石榴、春桃枣树等,真可谓"春可赏花,夏能纳凉,秋尝鲜果",可谓"春华秋实"。

四合院一般是一户一住,但也有多户合住一座四合院的情况,多为贫困人家,称为"大杂院"。大杂院的温馨是许多老北京居民无法忘记的。据元末熊梦祥所著《析津志》载:"大街制,自南至北谓之经,自东至西谓之纬。大街二十四步阔,三百八十四火巷,二十九街通。"这里所谓"街通"即我们今日所称的胡同,胡同与胡同之间是供民居建造的地皮。

北京四合院和胡同蕴涵着数百年的文化传统,其底蕴之深厚是任何一种建筑都无法比拟的,北京胡同里的四合院自古以来居住过不少文人墨客,胡同里走出了许多名垂青史的文化巨匠、历史名人。诸如纪晓岚、梁启超、蔡锷、鲁迅、茅盾、梅兰芳等都在北京四合院生活过。近年来,北京掀起一股四合院、胡同旅游热。无论是来自国外的洋人还是外地的游客,到北京一定要游览四合院和胡同。

当年,元世祖忽必烈"诏旧城居民之过京城老,以赀高(有钱人)及居职(在朝廷供职)者为先,乃定制以地八亩为一分",为京城之官贾营建住宅。北京四合院的"大宅门"便由此开始形成。规模和质量都更讲究的"大宅门"四合院,正房厢房都有前廊,与呈曲尺形的抄手游廊相连,房、门、廊都有彩画和雕饰,垂花门通常装饰华丽。更大型的住宅有砖雕装饰的门楼,垂花门内以两个或两个以上的四合院纵深排列,有的还在左右建别院。王公贵族在住宅后部建花园,如恭王府的后花园就是北京现存的最完整的住宅花园。

北京恭王府曾是乾隆朝大贪官和坤的宅邸,后改赐为恭亲王奕䜣的王府。府后有一独具特色的花园,占地约3万平方米,园中景物别致精巧。某些红学家认为此园可能是《红楼梦》中大观园的原型。恭王府分为平行的东、中、西三路,是目前北京最大的四合院。中路的三座建筑是府邸的主体,一是大殿,二是后殿,三是延楼,延楼东西长160米,有40余间房屋。东路和西路各有三个院落,和中路建筑遥相呼应。其中西洋门、御书"福"字碑、室内大戏楼并称王府"三绝"。王府的最后部分是花园,占地面积近40亩,20多个景区各不相同。园子东西两侧有土山起伏蜿蜒,南北两面有叠石构成的峰、岭、洞、壑,园子西侧有大面积的水面。园内树木繁茂,花草葱茏,配以叠石假山,环境优雅,富贵而有书卷气,为北方民宅中最大、最漂亮的后花园。

(四)山西四合院

在中国的四合院民居中,另一个典型代表是山西民居。

山西商人,史称晋商,明清两代在一定时间里左右着中国的经济命脉,在财富积累的同时,也构建了一批享誉中外的民居建筑,山西民居深宅大院的历史就是晋商的创业史。如今,昔日的富商消失了,但他们的豪宅作为历史的见证,留存下来,展示着几百年来山西民居的辉煌,并为丰富中国的民居建筑史添上宝贵的一页。

从地区来看,山西大商人家族明代多在山西南部,清代在山西中部。山西现存比较完好的明清民居建筑群多达数十处,如晋南的丁村老宅(见图4-34),晋东南的郭峪村老巷老宅、柳氏民居堡寨,晋中的乔家、王家、曹家、渠家、常家等院落建筑群等等。总的来看,这些宅院不但精美、华丽,而且墙高院深、古朴厚重,讲究防御性,因此构成了一座座幽深的庭院,还是一座座封闭的坚固城堡。

山西民居中,最富庶、最华丽的要数襄汾的丁村和祁县两个地方的民居。

现存丁村的民居建筑多是明清时期建筑而成的,被称为"北方农民的寓殿"。现存的明清住宅共有40余座600间房,其中最早的房屋建于1539年左右。依据方位,这里的建筑大体分为三大部分,俗称北院、中院、南院。其中东北部的北院以明代建筑为主;中偏东部的中院以清代中早期建筑为主;西南部的南院以清代晚期的建筑为主。这些明清时期的住宅方整、严实、气派,讲究绘画和雕刻。明代的住宅偏重绘画,多以"口"字形的四合院为主,大门多开在东南角。清代则偏重雕刻,中早期的住宅布局则多为"日"字形,庭院分为二进,大门设在南房中央,院偏窄长,厢房一般有二层,而北厅则多为三层阁楼;晚期的住宅布局则趋向于几个院落的组合。虽然规模布局有所不同,但在构造与功能上有一个共同点,即房子的上部以楼板隔造出一个夹层,用以储放杂物和粮食。院内的东西厢房为住室,南北厅房主要用于祭祀和社交活动,有的也被用来作为库房。

图 4-34　山西丁村民居

祁县位于晋中,有 40 多个多进豪华院落留存至今,这里民居品质之高,是其他地方所望尘莫及的。祁县城的民居完全具备了山西民居的几个主要特点:一是墙高院深广具有很强的防御性,从宅院外面看,砖砌的不开窗户的实墙就有四五层楼那么高;二是主要的房屋都是单坡顶,无论厢房还是正房、楼房还是平房,双坡顶不多。由于都是采用单坡顶,外墙又高大,雨水都向院子里流,意取"肥水不外流";三是院落多为东西窄、南北长的纵长方形,院门多开在东南角。

祁县最有名的要数乔家大院了(见图 4-35)。张艺谋的电影《大红灯笼高高挂》在乔家大院拍摄后,这座清代赫赫有名的商业金融资本家乔致庸的宅院就广为人知了。

图 4-35　乔家大院内景

乔家大院始建于清乾隆二十年(公元 1755 年),有两次扩建,一次增修。从高空俯视整座院落的布局,很似一个象征大吉大利的双"喜"字,整个大院占地 8724 平方米,建筑面积达 3870 平方米,总共分 6 个大院,内套 20 个小院,313 间房屋。它并非想象中的那种普通的院子,完全可称得上是一座城堡了,其入门就为古城楼式的门楼,四周全是封闭式砖墙,高三丈有余,上边有掩身女儿墙和瞭望探口,既安全又牢固,体现了晋派民居的一个突出特点。

乔家大院闻名于世,不仅因为它有作为建筑群的宏伟壮观的房屋,更主要的是因它在一砖一瓦、一木一石上都体现了精湛的建筑技艺。单从门的结构看,就有硬山单檐砖砌门楼,半出檐门,石雕侧跨门,一斗三升十一踩双翘仪门等;窗子的格式则有仿明酸枝棂丹窗、通天夹扇菱花窗、栅条窗、雕花窗、双启型和悬启型及人格窗等,各式各样,变化无穷;屋顶也包括了歇山顶、硬山顶、悬山顶、卷棚顶、平房顶等,形成不同的轮廓线。这些充分体现了我国清代民居建筑的细腻华丽的独特风格,体现了那个时代人们的审美情趣和艺术追求,具有相当高的观赏、科研和历史价值,可称得上是民居建筑艺术的宝库。

山西省阳城县北留镇皇城村的皇城相府(又称午亭山村),是清代名相陈廷敬的府邸。陈廷敬是清朝康熙皇帝的恩师,《康熙字典》的总阅官。皇城相府分内城、外城两个建筑群,内城始建于明崇祯五年(公元 1632 年),外城完工于康熙四十二年(公元 1703 年)。这座明清时期的城堡式古建筑群依山就势,雄奇险峻,文化底蕴厚重,是一处集官宦府第、文人故居与地方民居于一体的明清建筑群。相府总面积约 3.65 万平方米,共有人型院落 19 座,房屋 640 余间,设 9 道城门,城墙总长 1700 余米,主要建筑有内府"东方古堡""中国北方第一文化巨宅"。

二、北方窑洞

(一)窑洞的历史

窑洞是世界上现存最早的古代穴居形式。

在人类的历史长河中,穴居这种独特的居住原型,适应于特殊的气候和地理条件,在高原干热区和多雪的北方寒冷区,基本满足了人类居住生活的需求,一直沿用至今。在我国西北部黄土高原地区的陕西、甘肃、宁夏、山西、河南和河北(西南部)等省的六大窑洞区内,现在还大约有几千万人居住在各种类型的窑洞中。

2200万年前,强劲的西北季风每年夹裹着上百万吨的黄色粉尘,自中亚荒漠南下。随着风力的减弱,这些黄色粉尘相继沉降在我国的甘肃、陕西、山西、河南等地,渐渐堆积成闻名世界的黄土高原。黄土高原的黄土层层堆积,最厚的达200米,在千百万年风雨侵蚀和流水的冲刷下,形成了无数峭壁、地沟;而且黄土大部分是由矿物碎屑和黏土颗粒组成,在压缩和干燥状态下能变硬结固,为开挖建造窑洞提供了基本的条件(见图4-36)。这种黄土因其高孔隙性,使得蕴藏于深层土壤中的养分能够上升到顶层,从而被农作物的根系摄取。加之黄土的结构疏松,便于石质、木质和骨质农具耕作,因此,这片黄土区域便成为中华文明的摇篮。

图4-36　黄土高原上的窑洞　　　　图4-37　窑洞上下

（二）窑洞的类型

窑洞民居分布地域广,受其所在地区的自然环境、地貌特征和地方风俗的影响,形式多样。从建筑布局和结构形式上划分,可归纳为以下三种基本窑洞类型:靠崖式窑洞、下沉式窑洞、独立式窑洞。

靠崖式窑洞，一般出现在山坡、冲沟两岸及土原边缘地区。窑洞靠山崖，前面有开阔的平地。因为是依山建设，必然沿等高线布置才更为合理，所以窑洞常呈曲线或折线形排列，既减少了土方量，又与地形环境相协调。有时沿山势布置多层窑洞，层层退台布置，依山而上，底层窑洞的窑顶就是上层窑洞的前院，这种情况相当普遍。

图 4-38　窑院内的生活

下沉式窑洞实际上由地下穴居演变而来，也称地下窑洞。在黄土原的干旱地带，没有山坡、沟壑可利用的条件下，当地居民巧妙地利用黄土稳定的特性，向地下挖一个方形地坑（竖穴），然后向四壁挖窑洞（横穴），中间形成封闭的地下四合院，俗称天井院、地坑院（见图 4-39）。在甘肃省庆阳地区的宁县旱胜乡，还发现有地下街式的大型下沉式天井院：10 户共用一个天井院，共用一个坡道，各户的围墙之间留出一条胡同后，再修自家的宅门（见图 4-37、4-38）。

图 4-39　地坑院

　　独立式窑洞实际是一种覆土的拱形建筑。依据所用材料不同，可分为两种：土基窑洞和砖石窑洞。在黄土丘陵地带，土崖高度不够，在切割崖壁时保留原状土体做窑腿，砌半砖厚砖拱后，四周夯筑土墙，窑顶再分层填土夯实，厚 1 ~ 1.5 米，待土干燥达到强度时将拱模掏空，形成土基砖拱窑洞。有些用土坯砌拱，形成土基土坯窑洞。

　　十里铺[①] 是一个杂姓窑洞村，居民的住居形式均为横向挖掘的窑洞，称"横穴"。图 4-40~ 图 4-44 是上十里铺 174 号住宅的平面图、剖面图、立面图、轴测图及内景图，能够让我们充分了解这一地区窑洞的构造。

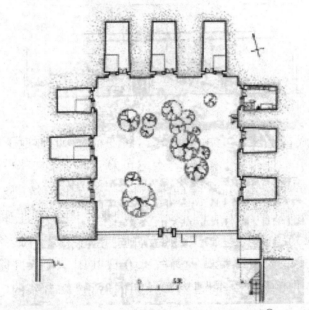

图 4-40　上十里铺 174 号住宅平面[②]

---

① 十里铺位于陕西省长武县西部，居于渭北黄土高原上，这里贴近甘肃。东邻陕西的彬县和旬邑，这一省两县地区古名为"豳"，是周王朝先人的发祥之地。黄土塬、区植被稀少，常年雨水冲刷，形成众多沟壑，因此耕作在塬面，沟底为河流。由于自然环境恶劣，灾害频繁，清宣统《长武县志》云："陶居穴处，肘见踵决，地瘠民贫，莫此为甚。"人们居住以窑洞为主。
② 本节手绘图引自：贾珺，罗德胤，李秋香. 北方民居 [M]. 北京：清华大学出版社，2010.

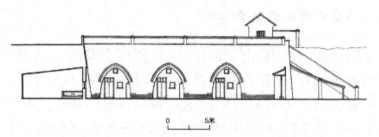

图 4-41 上十里铺 174 号住宅剖面

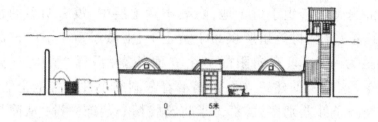

图 4-42 上十里铺 174 号住宅立面

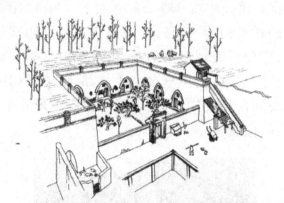

图 4-43 上十里铺 174 号住宅轴测图

图 4-44 上十里铺 174 号住宅内院

（三）窑洞的建筑细节

在陕北窑洞区内,由于山坡、河谷岩石外露,采石方便,当地居民便就地取材,利用石料建造石拱窑洞。砖石箍窑之后,在屋顶及四周仍旧掩土1～1.5米,这样可保持窑洞冬暖夏凉。由于砖石窑洞四面临空,可以灵活布置,形成三合院、四合院的窑洞院落或窑房结合的院落。

窑洞民居产生于黄土地,隐藏于黄土层中,没有明显的建筑外观体量,窑洞村落星罗棋布于黄土下,潜藏于黄土下的窑洞与大地融为一体,只有向阳的一个立面外露,俗称"窑脸"(见图4-45)。这唯一的建筑立面就展示着窑洞的个性。各地窑居者,不管经济条件差别多大,都力求将窑脸精心装饰一番:从简朴的草泥抹面到砖石砌筑窑脸,再发展到木构架的檐廊木雕装饰,历代工匠也都将心血倾注在这唯一的立面上。另外,窑洞院落或窑房混合院落的拱形门洞、门楼,一直是重点装饰的部位。在传统民居建筑中,宅门可表现房主的社会地位、财富和权势等。按中国风水观念讲,"宅门"是煞气的必由之路,所以要用镇符镇住煞气。镇符在民间流传最广,且最具感情色彩的形式是贴门神,后来演化为年画、楹联等(见图4-46)。

图 4-45　窑院大门

图 4-46　门楼上的装饰

　　因为窑洞是在地壳中挖掘的,只有内部空间(洞室)而无外部体量,所以它是开发地下空间资源、提高土地利用率的最佳建筑类型。同时窑洞深藏土层中或用土掩覆,可利用地下热能和覆土的储热能力,冬暖夏凉,具有保温、隔热、蓄能、调节洞室小气候的功能,是天然节能建筑的典型范例。从人口寿命普查中早已发现,居住在窑洞中的人普遍长寿。

　　中国窑洞是在黄土高原天然黄土层下孕育生长的,它依山靠崖、妙居沟壑、深潜土原,凿土挖洞,取之自然,融于自然,生土材料施工简便、便于自建、造价低廉,有利于再生与良性循环,最符合生态建筑原则,可以说是"天人合一"环境观的最佳典范。从穴居到简朴的黄土窑洞,最后发展到具有高度传统文化内涵的"窑洞民居",它是原生的生土建筑、绿色建筑。

第二节　南方建筑

一、徽派建筑

　　"一生痴绝处,无梦到徽州。"这是明代著名剧作家汤显祖的诗句。

　　徽州自古就是人杰地灵之地,是南北文化的交汇处,有丰厚的文化底蕴。明中叶以后,随着徽商的崛起和社会经济的发展,在雄厚财力的支持下,徽商"盛馆舍以广招宾客,扩祠宇以敬宗睦族,筑牌坊以传世显荣"。而徽商实际上又是"儒商",他们在意识、生活方式及情趣方面,保留和追求与文人、官宦阶层相一致,以文雅、清高、超脱的心态构思和营建建筑,因此具有浓郁的文化气息。

　　徽派建筑融古雅、简洁、富丽为一体,现存主要是明清时期的建筑。徽派民居集中反映了古徽州地区的山地特征,通常沿着地面等高线灵活地排列在山腰、山脚或山麓,选址一般按照阴阳五行和风水学说,周密地观察自然和利用自然,突出表现出对山水、自然景观的依赖。徽派建筑外观整体性和美感很强,马头翘角,墙线错落有致,形成丰富的天际线;高墙封闭,内设天井;青瓦白墙,色彩典雅大方,在山光水色之间形成了一幅幅美丽的画面。

　　徽派民居在外观上独具特色的是马头墙(见图4-47),也称为风火墙,不但韵律多姿,还具有防火防风功能。四周封闭的高墙天井一般都为长方形,用来采光通风,亦有"四水归堂"的吉祥寓意,由于通过天井调节采光,对外的高墙上一般不开窗户,只有少数在楼上对外开启类似瞭望孔的小窗。

图4-47　徽州建筑中的马头墙

　　徽州民居的木雕、砖雕和石雕称为"徽州三雕"。木雕内容广泛,有花鸟鱼兽、历史人物、戏曲故事等等;而民居门楼是大宅第的门面,是重点装饰部位,门楼、门罩、八字墙等处大都饰有精致砖雕;石雕则多见于墙上的漏窗、天井石栏、门楼石框等处。

安徽黟县的西递村和宏村民居是徽派民居的突出代表(见图4-48、4-49)。两村倚山抱水,有数百幢明清时期的民居建筑,如今成为国内外游客的观光胜地。

图4-48　西递村院落景观

图4-49　安徽宏村

二、江南民居

我们通常说的江南,指长江下游苏南和杭(州)嘉(兴)湖(州)一带,"小巷小桥多,人家尽枕河"是江南水乡留给游人的深刻印象。

江南民居与江南古镇是分不开的,城镇建筑数百年来逐渐与当地的自然环境相融合,与当时的经济文化相适应,建筑的形式和结构基本上还是以四合院的发展和改造为主。

江南小镇生活有四大特点:生态的、亲和的、便利的、低成本的。

　　江南民居是江南古镇最基本的空间,它包括单个的宅院、院落组合,还包括沿河地带常见的商住合一的建筑。房屋朝向多朝南或东南,屋脊高,进深大,墙身薄,出檐深,外檐用落地长窗等,以达到隔热通风的效果。屋面坡度较陡,以利及时排除雨水。住房一般为三间,稍大的住宅有曲尺形或三合院。一般可分为普通住宅、前店后宅式、上宅下店式和大宅四种。

　　江南民居一般用穿斗式木构架,或穿斗式和抬梁式的混合结构。江南民居雕刻装饰繁多,却极少用彩画,墙用白瓦青灰,木料则为棕黑色,或棕红色等。与北方的绚丽色彩相比十分淡雅。梁架和门框等可装饰部位,有精致的木、砖雕刻,涂栗、褐、灰等色,不施彩绘。房屋外部的木构部分用褐、黑、墨绿等色,与白墙、灰瓦、绿色竹木相组合,色调素雅明净,在繁杂的人群与闹市中,柔和幽静,给人们提供了读书做学问的安宁环境。

　　江南水乡民居的另一个显著特点就是与河道有极为密切的关系。居民住宅通常是前门临街,后门临河,几乎每一户都有一个石砌码头,石级通向河面。河的驳岸就是民居的宅基,居民用水靠河,交通靠河,排污水也靠河。水上人家,画中天地,亲水性是区别于北方民居的一大特色。苏州现在还保留了一些临河的民居,从中可以看到江南水乡民居的风貌。

　　位于苏州东山镇陆巷村的明代宰相王鏊故居在太湖之滨。王鏊是明代苏州东山人,正德年间官至宰相。其学生、著名的唐寅——唐伯虎,尊他为"海内文章第一,山中宰相无双"。其故居中现存的"惠和堂"是一处建于明代、清代重修的大型群体厅堂建筑,其占地面积约为5000平方米,共有厅、堂、楼、库、房等104间,建筑面积2000多平方米。其轩廊制作精细,用料粗壮,大部分为楠木制成;瓦、砖、梁、柱也均有与主人宰相身份相对应的雕绘图案。

　　长江三角洲是我国现代化程度最高的地区之一。这个地区的乌镇、周庄、同里、西塘、南浔等古镇,是至今保存比较完整的江南民居群落,在这里保持着传统的建筑风貌和生活方式。

在这些古镇上,有临河而建、粉墙黛瓦的一排排平房或小楼,有狭窄幽深的小巷,有石头建造的拱桥、曲桥、廊桥,小船不断地吱吱摇过。水雾蒙蒙的清晨,妇女们在小河埠头洗衣,谈天说笑;吃饭时,人们喜欢端着饭碗走出家门,与邻居家聊天;老人们安详地下棋,喝茶;孩子们专注地学习,深巷里不时传出悠扬的琴曲、戏声……这里不但是历史建筑的博物馆,更重要的是给人们展示了当地人保持的传统的生活场景,从这个意义上可以说:保存了这些民居建筑也就是保存了我们的先人的生活方式,在文化学和民俗学意义上有更大的价值。

乌镇(见图4-50),古风犹存,东、西、南、北四条老街呈"十"字交叉,构成双棋盘式河街平行、水陆相邻的古镇格局。自宋至清,这里出了161名举人,其中进士64人。镇上的西栅老街是我国保存最完好的明清建筑群之一。镇东的立志书院是茅盾少年时的读书处,现辟为茅盾纪念馆。

图4-50 乌镇民居

周庄(见图4-51),建镇已有900多年的历史。南北市河、后港河、油车漾河、中市河形成"井"字形,因河成街,傍水筑屋,呈现一派古朴、幽静的典雅的风貌。著名的景点有双桥、富安桥等。全镇桥街相连,依河筑屋,小船轻摇,绿影婆娑:"吴树依依吴水流,吴中舟楫好夷游。"明代时这里住着江南首富沈万三,他个人出资修了南京明城墙的三分之一。沈万三在各地都有许多产业,但是他始终把周庄作为他的根基。

图 4-51　古镇周庄

　　同里（见图 4-52），旧称"富土"，宋代改为"同里"，沿用至今。同里的主要特色是：水、桥多，明清建筑多。名人雅士多，主要景点可以概括为"一园""二堂""三桥"，今天已是著名的旅游胜地。

图 4-52　同里镇风景

　　西塘（见图 4-53），河流纵横，绿波荡漾，是典型的江南水乡。始建于宋代的望仙桥，已经倾听了千年的流水低吟、桨橹浅唱；来凤桥、五福桥、卧龙桥等建于明清。依河而建的街衢，临水而筑的民居，尤其是总长近千米的廊棚，狭窄而幽长的石皮弄，陌生而又亲切；种福堂、尊闻堂、薛宅等皆是明清时代的建筑。

图 4-53　西塘薛宅

南浔(见图4-54),建镇已有700多年的历史。在中国近代史上,南浔是一个巨富之镇,百余家丝商巨富所产的"辑里湖丝"驰名中外。嘉业堂藏书楼及小莲庄、南浔张氏旧宅建筑群、适园石塔、耶稣堂、望海禅院以及深宅大院的百间楼,显示了多种文化的深厚底蕴,体现水乡古桥风采的长发桥、新民桥、兴福桥、通利桥、南安桥等为南浔古镇增添了妖娆风采。

图4-54　南浔古镇

三、客家土楼

有人说它是天上掉下来的飞碟,还说它是地上冒出来的蘑菇,还有人说它是人间的梅花,甚至被美国的间谍卫星当作"导弹发射基地"。这就是星星点点散落于闽南民间的客家土楼。土楼是中国民居建筑中最有特点的民居建筑形式。

土楼,通常称之为客家土楼。所谓的客家人,原是中原一带汉民,因战乱、饥荒等各种原因被迫南迁,至南宋时历经千年,辗转万里,在闽粤赣三省边区形成客家民系。

土楼大体上可以分为三类:方楼、圆楼、三堂屋。

土楼最早时是方形,形态不一,不但奇特,而且富于神秘感,坚实牢固。在福建省龙岩适中镇这个小镇上,三层以上的大土楼竟有362座,现存的尚有200多座。方楼的特征,是夯筑一圈正方形或接近正方形的高大围墙,沿屋墙设置房间,中央是敞开天井,天井的周围是回廊,如此重叠起来,高达五层,局部有达六层者,用木楼梯、木地板和木屋架,青瓦盖顶。这种土楼极其雄伟壮观,将传统的夯土技术发展到了登峰造极的地步(见图4-55)。

图4-55　方形土楼

圆楼(见图4-56),是外地人的叫法,当地人称"圆寨"。这个"寨"字,反映着此类建筑的特征含义,即具有强烈的军事防御性质。第一,大小不同。最小的只有12个房间,最大的达81个房间。第二,环数不同。少则一环、二环,多达五环。第三,层数不同。最简单的单层,最高的五层。第四,布局不同。一般是水平分层的,底层为厨房、餐室,二层仓廪,三层以上才是卧室。每个小家庭或个人的房间是独立的,用一圈圈的公用走廊将各个房间联系起来。这条公用走廊通常都布置在内圈,环绕庭院。还有一种被称为罗溪式的圆寨,如同切西瓜一般,是竖向分割的。它的外围墙只有一个进口,入内是一个圆形的小庭院,向着庭院设置各户独立的大门,进门又是小庭院、厨房、杂屋,楼下为堂,设梯,楼上二、三、四层乃至五层是独用房间,这是为了保证小家庭的独立性而创造的一种建筑形式。还有一种是根据山势不同而环绕山头,内圈高、外圈低、高低错层的圆寨。也有为了防御需要而外圈高、内圈低的石圆寨。

客家土楼就地取材、施工方便、节约能源、不占农田;堡垒式封闭厚墙,便于防卫。有内部通风、采光、抗震、防潮、隔热和御寒等多种功能,在内居住舒适方便。明显的中轴对称和以厅堂为中心的布局,是中国传统的宗法观念。而且房间没有主次向,有利于家族内部分配;构件尺寸统一,用料统一,施工方便;对风的阻力小,圆楼无角,刮山风以至台风时容易分流;抗震力强,从抗震的角度看,圆楼能更均匀地传递水平地震力。

图4-56 圆形土楼

振成楼坐落在福建省永定县湖坑乡,是内部空间配置最精彩的内通廊式圆楼,始建于1912年,历时五载建成。圆楼由内外两个环楼组成,外环楼四层,环周按八卦方位,用砖墙将木构圆楼分隔成八段,走马廊通过隔墙的门洞连通,砖隔墙起到了隔火的作用,后楼有两段曾被匪兵烧毁,由于隔火墙的作用,其余六段仍完好保存。走马廊的木地板上还加铺一层地砖,也起到防火作用。外环楼中对称布置四部楼梯,第三、四层走马廊的栏杆还做成"美人靠"式,便于人们依栏而坐,这在客家土楼中是不多见的。

内环楼由两层的环楼与中轴线上高大的祖堂大厅围合而成,楼房底层用作书房、账房、客厅,二层为卧房,设两部楼梯。内天井全部用大块花岗石铺地。祖堂为方形平面、攒尖屋顶,正面四根立柱采用西洋古典柱式,柱间设瓶式栏杆,这种中西合璧的做法也是客家土楼中少有的例子。内环楼二层的回廊采用精致的铸铁栏杆,其花饰中心是百合,四周环绕兰花、翠竹、菊花和梅花,意为春夏秋冬、百年好合。这种铁花栏杆在客家土楼中绝无仅有,据说当时是在上海加工,用船运到厦门,再用人工挑到永定的。

内外环楼之间又用四组走廊连接,将环楼间的庭院分隔成八个天井:圆楼大门入口门厅前的天井与两侧敞廊形成的空间,作为进入祖堂内院前的过渡,增加了层次,形成门厅、天井、祖堂前厅的空间序列,绝妙地起到烘托祖堂气氛的作用;后厅前的小天井与两边敞廊构成更为私密性的内部活动空间；圆楼两个侧门正对的是方形天井，天井中心设水井，供日常洗刷、饮用，充满生活气息；底层厨房前面隔出的四个弧形天井，内置洗衣石台，摆设花木盆栽，形成亲切宜人的居住环境。振成楼内院空间变化之丰富，在客家圆楼中首屈一指。在外环楼两侧还有两段弧形的小楼，形如乌纱帽的两翼，自成合院，别有洞天，用作书房，二楼亦可住人。

承启楼建于清康熙年间，是内通廊式圆楼的典型。承启楼现在居住江姓57户共300余人，此楼最盛时住80多户600余人。在此种圆楼中，住房一律均等，尊卑等级在这里完全感受不到，这种平等的聚居方式在中国封建社会中的确是难能可贵的。

土楼群的奇迹，充分体现了客家人的集体力量与高超智慧。客家聚居建筑是客家人自己建造的居住生活环境，首先要满足其"客居他乡"生产生活的实际功能需要，反映和传达出客家民系文化精神和环境观念，显示出客家民居建筑的美学理想。

四、闽粤台民居

福建、台湾的大部分地区处于亚热带，除了以厅堂为活动中心的三合院或四合院外，由于特有的地理条件和历史原因，民居形成鲜明的地方特色，创造出绚丽多彩的"红砖厝"建筑（见图4-57）。"厝"在闽台各地是大房子的意思。红砖大厝是指用红砖砌成的民居，燕尾马鞍屋脊、红砖红瓦、二落四合院、三落二院、四落三院外加护厝的形制，严格的中轴对称，其名称、叫法，两岸完全一样。两岸的红砖民居，充分展示闽南文化的精髓。家居、教育、祭祀是中国农村村落组成的三要素，闽台农村村落同样是同一姓氏相近而居，多个姓氏相邻而居，共同拥有私塾或小学甚至中学，而祭祀是以姓氏为据的，不可混淆。而闽台农村一个姓氏家庭聚居一处而形成村落，拥有完整的家居、学校、祠堂。

图 4-57　闽南红砖厝

　　闽台各地和其他地区的院落式住宅的共同之处是以天井为中心的。不同之处在于,北方的四合院庭院宽敞方正,四周房屋尺度较小,庭院自然成为院落的中心。而闽台各地则庭院(天井)较小,厅堂相对高大,并且大厅和天井之间没有任何隔断,完全通敞,天井周围是敞廊或较大的出檐,房屋组合主次分明,庭院空间曲折多变,有的成为厅堂空间的延伸,整体结构统一而和谐。

　　福建晋江地区厢房建成两层,或在主厅两侧及护厝后部建造阁楼,并设屋顶露台,夏日供乘凉和其他广外活动,称为"角脚楼"。此外,屋顶保留了宋代曲线屋顶的特点,在房顶上几乎找不到一条直线。曲线反翘,其曲线翘角的美与自然环境融为一体,构成了充满诗意的田园画卷。坐落于南安市官桥的蔡资深古民居建筑群,俗称"漳州寮"。清朝同治年间,侨居菲律宾的富商蔡启吕回到官桥漳里村,斥资买地,大兴土木,开始兴建蔡氏豪宅。当时,许多建筑装修材料都是从菲律宾海运过来的。其后,蔡启昌之子蔡资深继承父业,广购荒地,筑祠堂,建宅第,由此蔡氏古民居渐成规模,其布局严整,面积适中,保存完整。西部4座成两排组合,东部7座成三排两列组合,由南向北纵深,前后平行,南北95米,笔直贯穿,透视感极强。

　　宏琳厝位于福建省闽清县坂东镇,由药材商人黄作宾于清乾隆六十年(公元1795年)始建,前后历时28年。宏琳厝占地面积17832平方米,号称全国最大的古民居。共有大小厅堂35间、住房666间、花圃25个、天井30个、水井4口,厝内廊回路转,纵横有序,是一座一次性设计、整体建成的民居建筑。纵观这座方形木结构建筑,给人印象最深的是其严密的防御系统。由于宅院深深,防备严密,所以新中国成立前的 150 多年中,尽管盗匪猖獗、军阀觊觎,最终没敢进入此地。

闽台各地的民居另一特点表现在内部的装饰重于外部。大厅空间高敞,梁栋暴露。木穿斗结构本身有韵律的穿插以及流畅的曲线形月梁,构成了很强的装饰效果,使大厅显得雅洁、庄重,在闽南"天井"中砖刻壁画,镂花木雕更是花样繁多。

赵家堡坐落在福建漳浦县,是一处有厚实的城墙围合的城堡式建筑群,外城围墙是条石砌基的三合土墙,高 6 米,厚 2 米,周长 1200 米。宋朝末代皇族闽冲郡王赵若和曾逃难隐居在此。赵家堡初建于宋,明两次重新扩建,形成今天完整的仿宋建筑群。城堡分内、外城。内城建一座三层四合式"完璧楼",取意"完璧归赵"(见图 4-58)。楼高三层,高 13.6 米,边长 22 米,墙厚 1 米,是一座具有防御能力的堡垒。内城除了完璧楼外,外城主要建筑为五座五进并列的府第,每座 30 间,共 150 间,俗称"官厅",雕梁画栋,古朴庄重,其大厅前的踏步由 1 米宽、0.5 米厚、15 米长的巨型花岗岩细凿而成,可见当年建造时的规模。每座第五进为两层楼,系内眷住。城堡内还有汴派桥、禹碑、宋代书法家米芾手迹"墨池"石刻等文物。

图 4-58　福建漳州赵家堡完璧楼

漳州诒安堡(见图 4-59)位于漳州城东南 80 余公里处的漳浦县湖西畲族乡,占地面积 10 万平方米。南宋亡时,侍臣黄材跟随闽冲郡王赵若和从广东崖山逃至漳浦,其后裔及世代聚居于此。黄材的第十四代孙黄性震于清康熙二十六年(公元1687年),回乡兴建诒安堡。诒安堡城墙系条石砌成,周长1200多米,高6.7米,顶部外侧有2米高的夯土墙,上开垛口共有365个,还按一定距离建了4个小谯楼。有25条登城石梯等距分布,紧附于城墙内壁。东、西、南三城门各有城门楼,北门封闭。城内至今保存当年风貌,与筑城同时期建造的95座房舍一律坐北朝南,8条铺石街道井井有条。城南城北分设黄氏大小宗祠。

图4-59　福建漳州诒安堡

　　福州的"三坊七巷"是唐宋以来形成的坊巷,是从北到南依次排列的十条坊巷的简称,集中体现了闽越古城的民居特色,被建筑界喻为一座规模庞大的明清古建筑博物馆,但是破坏严重,昔日坊巷纵横,石板铺地;白墙青瓦,结构严谨;房屋精致,匠艺奇巧的面目几乎荡然无存。

　　福建、广东侨乡民居在中国住宅传统建筑的基础上,又吸收国外居住建筑的一些特点,特别是欧洲建筑风格的影响,显示出异国情调,形成了侨乡民居的一大特色。这种侨乡民居主要有"庐"式住宅和城堡式住宅。"庐"实际上是别墅式住宅的雅称,具有中国传统式或西方古典式的建筑美,造型活泼;城堡式住宅形式多样,其中以裙式城堡独具特色,它既有"庐"的开阔通透的特点,又有城堡式住宅的良好防御功能。广东陈慈黉故居(见图4-60)始建于清末,历时近半个世纪,占地2.54万平方米,共有厅房506间。其中最具代表性的"善居室"始建于1922年,计有大小厅房 202 间,是所有宅第中规模最大、设计最精、保存最为完整的一座,至 1939 年日本攻陷汕头时尚未完工。陈慈黉故居建筑风格为中西合璧,总格局以传统的"驷马拖车"糅合西式洋楼壁,点缀亭台楼阁,通廊天桥,萦回曲折。陈慈黉故居的建筑材料汇集当时中外精华,其中单进口瓷砖式样就有几十种,这些瓷砖历经近百年,花纹色彩依然亮丽如新。

图 4-60   广东陈慈黉故居

鸦片战争后,厦门成为"五口通商"之一的城市,西方列强纷纷来到鼓浪屿,抢占风景最美的地方建造别墅公馆。20 世纪二三十年代,许多华侨也回乡创业,在鼓浪屿建造了许多别墅住宅。鼓浪屿,这个不足 2 平方公里的小岛上,在短短的 15 年内就建造了 1000 多幢别墅,构成厦门市一道独特的人文景观。现在,这些老建筑中,有 207 幢被确定为受保护风貌建筑,其中属于重点保护的有 82 幢。

台湾、金门等地的民居无论是从建筑风格或样式、布局或构成和建筑观念上都是源于海峡对岸的闽南地区。

台湾大部分地区的传统民居多取南北朝向而坐南朝北;民居总体通常呈南北稍长的矩形的"合院"建筑构成平面,有明确的纵中轴线,建筑总体规划重心在北,以前埕、后厝为基本构成平面形式。"白石红砖红瓦"成为台基、墙身、屋顶这三段相间构成的基本立面的色彩质感和造型风格。屋顶基本上均为两坡红瓦顶,但远望造型却非常丰富,特别是屋脊的做法不仅形式不同,而且高低错落有致。中轴线上的主体多为翘脊的做法,正脊弯曲,而以中轴线为对称的两侧燕尾双翘脊,非常有特点(见图 4-61)。

图 4-61　台湾建筑屋脊

第五章 | 民族特色——少数民族各族的独特建筑

中国少数民族建筑，是某一地域的人们，为了适应该地域特殊的环境而形成的，是对原始建筑在特定地域的继承与发展。它具有该地域特有的历史、民族与文化特色，也反映了该民族的社会和审美观念。

第一节 侗族文化区域的建筑特色

一、侗族文化大观

侗族人口除少数居住在湖北省外，其余大多分布在贵州省、湖南省、广西壮族自治区等地，人口数量约为 300 多万。

侗族来源于"百越"中的一支，其先民最初居住在广西梧州一带，后一部分迁移至贵州、湖南一带，一部分则在广西定居下来。侗族居民还有一部分是由汉族融入而来。特别是在 12 至 14 世纪，由于战乱、迁移、屯军等原因，许多江南与江西的汉族人、农民、军人等迁居至广西，与侗族原始住民发生了融合。

侗族最初虽然有自己的语言（属汉藏语系壮侗语族），但却没有文字。侗族的文字设计于 20 世纪 50 年代末，是以拉丁字母为形式的拼音文字。不过，侗族现在通用的也并不是这种文字，而是汉字。

侗族有自己的音乐文化，其音乐形式有侗族大歌、侗戏等。

侗族器乐中的笛与箫是中国的传统乐器。

　　侗族的主要经济来源是农业、渔业以及林业。农业以种植水稻为主,稻田里养鱼又形成了渔业。林业则以杉木为主。

　　侗族的建筑是典型的木制结构,其结构不用一钉一铆,同时充分吸收了中国传统建筑中亭台、楼阁建筑的部分精髓。

二、侗族村寨建筑

(一)干栏式建筑

　　壮侗语族普遍存在称呼"楼"为"栏"的语言现象,说明"栏"是壮侗语族诸民族住宅的基本形式。

　　侗族居住建筑以木材为建筑材料,由于自然老化和气候、火灾等因素,侗族聚居区内现存的干栏式住宅可以考察到年代较早的也属清晚期建造,距今约 200 余年。从实例上考察侗族居住建筑的历史虽十分困难,但与侗民族发展史密切相关的古越人、僚人、仡伶以及同属一个语族,有同源关系的宋、明时期僮人的居住形式,可以探寻到今侗族聚居区内干栏式住宅祖述古越"巢居""干栏",一脉相承的渊源关系,亦可知现今侗族聚居区内的干栏式住宅其实保存了一种甚为古老的居住方式,如图 5-1 所示。

图 5-1　侗族干栏式建筑

　　现存的侗族干栏式建筑较少,研究起来具有一定的难度。从仅有的建筑实例中可以看出,干栏式建筑具有明显的功能空间的分区,即大体上可以分为四个区域:礼仪区域、生活区域、交通区域和辅助区域。

礼仪区域包括火塘和堂屋,这里有着人们对精神的寄托;生活区域包括起居室、卧室,这是人们生活的主要场所;交通区域包括廊道、楼梯,这为人们日常生活提供了方便;此外还有辅助区域,包括畜棚、储藏室和卫生间等,主要有着辅助的功能。这四类空间是构成住宅平面的功能要素,以下分别进行分析。

1. 礼仪空间:火塘和堂屋

(1)火塘

由于人们对火的依赖以及对火的崇拜,于是产生了火塘。火塘的功能主要表现在炊事、取暖与照明上。除此之外,火塘还有着某种特殊的社会文化含义,这源于它不断地与侗族的社会生活的密切联系。其中一个重要的文化寓意,就是作为家庭的象征。火塘间便成了侗族家庭的主要生活场所,对于家庭具有重要意义。

在侗族居住区也有这么一个流传——一个火塘(图5-2)代表着一个家庭。随着家庭成员的逐渐增多,在需要分化的时候,他们不说分家而是说分火塘。因此,追溯血缘,也是从火塘的分化往上顺延的。

图5-2 火塘

新房建好之后,屋内首要安置的是火塘。火塘在侗族人民的物质生活和精神信仰中都有着十分重要的地位。从生活上来说,火塘可以用来做饭、烧水、取暖、照明,是人们日常饮食、休养生息的家居必备物;从精神上来说,火塘不仅在传统习俗中被神化为诸多神灵的居所,而且被看作逝去的先辈们灵魂的寄居地,神灵和祖先都会给后辈以庇佑,因此火塘中代代相传的火苗是人丁兴旺、生活红火的象征和寄托。在一切都安置好之后,搬家仪式也是以火塘开火为重头戏的。火塘开火仪式之前,主家要从旧屋的火塘里取出火种,存放在火钵里,并准备好柴火、炊具等物品,请"财帛星"来吹燃火种(财帛星由一位能说会道、有福气、男女双全的中年男子扮演)。经过这一番仪式之后,火塘的精神象征便完成了与家人共同搬迁至新家的过程。人们至此可以在新家的火塘旁边延续供奉神灵、祭祀祖先、祈祷庇佑的活动了。火塘的文化意义在这一过程中得到了充分的体现。

（2）堂屋

根据宋代《事物纪原》的记载,堂屋是寄托光明和希望的地方,也是彰显传统礼义之道的地方,堂屋在传统家庭伦理观念中具有非常重要的作用。在汉民族中,堂屋是整个住宅的核心区域,堂屋一般作为整个住宅的中轴线,其他室内空间以此为轴呈对称分布,反映出了儒家"居中为尊、尊卑有序"的传统观念,这里不仅是家庭起居的重要场所,同时也是婚丧嫁娶、祭祀供奉等民俗活动的重要场地。从功能上说,干栏式建筑中出现的堂屋和传统的火塘间,有部分功能的重合。因此,除炊事、取暖等火塘独有的实际功能外,堂屋和火塘间一起成为两个起居中心。侗族人民注重火塘间,在火塘间的一角供奉祖先牌位或者香炉用来祭拜的习俗是从原始部落中流传下来的洒脱和不羁,其中蕴含了侗族人民生生不息的原始信仰和质朴的生活方式。火塘间是日常生活和精神信仰的统一。而堂屋的出现,以及堂屋后壁神龛神位的设置,则显然是受到了汉族文化的影响。但侗族人民的堂屋并非是全封闭的房屋,而是由廊道向内凹进一到两个进深,形成与廊道相连的三面围合的空间,空间的使用仍然是半开放的。

因此,以火塘间作为其重要礼仪精神空间的侗族建筑文化,和以堂屋作为其重要礼仪精神空间的汉族文化建筑交流过程中,改变是否发生、如何改变、程度怎样,能够从侗族民居的火塘间和堂屋的空间布局中进行考察。

2. 生活空间：廊道、卧室

（1）廊道

在侗族居住区中，有一种干栏式住宅，其特点是具有开放性。登入这种住宅的第二层，会发现一个廊道，它是第二层生活面的第一个空间。该空间的功能主要是供居民休息和家庭手工工作，它也是居住行为发生平面序列的前导空间。通常情况下，这种廊道既围合又是开放的，仅临室外的那面还设置了栏杆和给居民休息交谈的座凳，因此是室内外空间的中介。通面宽，一个柱距进深的廊道，与其后部的面积相对狭小的火塘间、卧室相比，它的空间界限似清楚又不明确，既围合又通透，在住宅中极富人情意味。[①]

干栏式住宅的开放性与村寨布局开放性属于同构关系。一些由公共建筑（风雨桥、鼓楼、款坪）、公共空间形成的完整建筑群空间体系给该村寨中的居民带来了方便：一方面人们在室外活动空间有了扩展，居民们活动则更方便了；另一方面则表现了该民族人们性格较为开放。如今，大部分村寨居民们保留了一些较为纯朴的民风，如不掩护，相互信任。作为半开放的廊道，不仅具有起居室的功能，而且对外人来说属于开放性的空间。而入户的门，大部分时候仅仅是起着心理上的界定作用。

（2）卧室

卧室以隔断间为主，并设置在环境较为安静的地方，具有私密性。通常，一间卧室里面只留有一张床铺，供个人或夫妻居住。而对于未出嫁的女孩来说，其卧室主要设置在阁楼层外，这说明卧室的设置和分配没有规定，也没有长辈之分。

3. 交通空间：楼梯

在侗族，杆栏式住宅建筑的楼梯通常设置在住宅端部偏房

---

① 通面宽，一个柱距进深的廊道，与其后部的面积相对狭小的火塘间、卧室相比，它的空间界限似清楚又不明确，既围合又通透，在住宅中极富人情意味。

内,并主要以单跑形式最为常见,其入口位置处于山面。楼梯为梯架形式,材料以木材为主,于梁侧凿槽嵌入背板,梯段宽度根据居民的设计而定,坡度较为平缓,登楼进入户门就进入了廊道。有些村寨中的侗民们仍保留了某些地板上起居的生活方式,因此一楼起步处成为他们换鞋入室的地方,如图5-3所示。

图5-3　侗族干栏式建筑楼梯

因为廊道的布局是半开放的,出于安全考虑,上阁楼的楼梯就布置在住宅的另一侧山面,这样三楼的空间就变为完全私密的了,要进入三楼就必须经过通面宽的廊道。将入口布置在山墙面的入宅方式,从宏观来看,其与干栏式住宅的发展及其剖面特点有关。①

山面入口带给干栏式住宅造型的影响表现在,干栏式住宅在山墙楼梯间的上方开始加设披檐,这样做的目的是对山墙面加以保护,并遮蔽入口,也就是俗称的"偏厦"。

4. 辅助空间

辅助空间一般指的是厨卫、储藏间、畜棚等,这些空间在整个空间构成上并不占主体地位,但也是不可或缺的场所,这些场所的布局方式具有民族性和地域性,不同地域、不同民族的人由于

---

① 追溯原始巢居,解决居住最简单的方法是搭设人字形棚屋,楼面加上兼具墙壁和屋顶功能的斜面构成了一个三角形空间,如此低矮的空间,必然从端部进出。虽然干栏式住宅发展至今已经加大了室内空间高度,它的最基本的屋面形式是悬山屋面,但由于居住者有楼板上坐卧起居的生活习惯,而寝卧部分大多设于靠屋檐处,因此檐檩到楼面的高度要求不高,与侧壁相夹形成的空间能满足坐卧的基本功能即可。这样,主要活动区域位于空间中部,那么屋脊的高度也能满足人的直立活动。

生活习惯不同，对这些场所的布局与使用情况也往往不同。

　　辅助空间在干栏式住宅中是与居住生活面垂直分布在一幢住宅中的。干栏式住宅的底层架空部分往往用来堆放杂物，搭建牲畜棚等。谷仓或在住宅周围近水处另设，或由村寨统一在防火地带集中设置，只有少部分供日常生活的粮食或红薯、芋头、土豆等置于二楼生活层以上的楼居或阁楼。在厨房还没有独立出去的干栏式住宅里，火塘间即是厨房，一家人围炉而食。

　　但近年来由政府推行在农村家家户户设沼气池作为炊事、照明能源，以及为了预防火灾劝说侗民们不要在火塘里炊煮，使得厨房逐渐成为单独的功能空间。新建住宅大多会考虑厨房的设置，即便是旧宅，也在原有基础上增建。

（二）侗族地面式建筑

　　地面式住宅多有楼层，但它和干栏式住宅最大的区别在于它是以底层作为主要居住面，日常起居多在地面层进行。地面式住宅在总体特征上与南方汉族住宅大同小异。"大同"指的是平面布局的方式大体一致。而"小异"则是指构成空间的要素有所差别。正房完全处于平整基地上，厢房采取局部的干栏建筑形式，也属于地面式住宅，因为厢房即便为"吊脚"的方式，但一般仍是保留了地面的主要出入口，厢房并不是以底部架空层为唯一的出入口，如图 5-4 所示。

图 5-4　侗族地面式建筑

根据室内空间的不同用途及重要性,地面式住宅的平面构成要素同样可分为四类:

礼仪空间——堂屋和火塘间;

生活空间——卧室;

交通空间——楼梯间及辅助空间;

居住面——地面的整理方式,也作为平面的构成要素。

1. 礼仪空间:堂屋和火塘间

由于主要生活面移至地面层,干栏式住宅中"廊道"空间功能与形式不复存在,取而代之的是在汉族住宅中有着灵魂意义的堂屋。而且和干栏式住宅堂屋不同的是,侗族聚居区地面式住宅里,堂屋是不可或缺的室内空间的重要组成部分。住宅的正屋中间为堂屋,堂屋正壁设"天地君亲师"神位或神龛,是祭祀或举办婚丧喜事以及迎接宾客的场所。堂屋正中设方桌,两侧摆长凳或"太师椅"。堂屋在住宅中所处的位置以及室内陈设与汉族住宅无异。在被调查的地面式住宅中,除极少数住宅堂屋左、右开间柱距不相等之外,其余数栋均以堂屋开间尺寸最大,两侧开间柱距相等、对称布局。这与汉族住宅"居中为尊",对称的布局方式几乎无差别。

地面式住宅中的火塘多为距底层地面500毫米左右高的"火铺",如图5-5所示。火铺用坚硬耐磨的板栗树做架子,铺一层厚实平整的木板。方架中间偏外侧留出0.6~1米见方的空洞,空处用黄泥筑成火塘,内放三脚铁撑,周围用薄薄的长条石或砖头围着防火。火铺上站着可以做饭、炒菜,坐着可以取暖。炊具、水缸等物摆于台下靠墙壁的地面,碗柜多嵌于后壁内。火铺上方悬挂用于烘烤食物的长方形木柱架。

火铺除了本身具有烧水、煮饭的功能外,还反映了侗族人的某些心理观念,使用时有一定的禁忌。火铺的方位分上下左右四方,上方为正座,是长者和客人的位置。三脚撑摆在火塘里,不能随意挪动,也不能在上面烘烤杂物,更不可跨越火炉或将脚踩在三脚撑上。

图 5-5　火铺

　　火塘间的设置相对于干栏式住宅区别在于：其一，与通道芋头村因为居住模式的现代化而在最近的 40 余年里有的住宅才逐步取消火塘间不同，在清末的地面式住宅中，有些住宅已经不设火塘间了，只是火塘间消失的年代有先后；其二，火塘间的位置，在干栏式住宅里，不管它是由前廊直入还是从堂屋进出，大部分位于紧靠前廊的后部，而在地面式住宅中（尤其是独栋住宅），火塘间在堂屋正壁里间或内侧，堂屋的两侧是卧室。

　　火塘不仅代表其与稻作文化息息相关的饮食习惯，更是与其交往、礼仪空间的形成密不可分，因此其建筑上如构造方式和位置的改变，也意味着人们生活方式的改变及其生活方式背后民族性的发展、变化。地面式住宅中火塘置于底层堂屋后部，且高于地面，可以看成是从"干栏"转为地面生活这一过程中火塘发生的适应性变化。①

　　2. 生活空间：卧室

　　地面式住宅的卧室，一般位于堂屋的两侧和楼上，长辈多住堂屋左侧，晚辈多住楼上，体现了长幼有序的礼制观念。分家时，一般"长子不离老屋"。无论居住在哪一楼层，卧室里的床铺摆设都顺檩条方向直摆，因为有"檩木横腰，多生疾病"的禁忌。

---

① 刘致平先生曾言，"席地而坐即是干栏式构造产生的习惯"，"雍正十三年改土归流，官府明令禁止火铺，不许全家人睡在一个火铺上，所以火铺作用退化，平常只作炊煮、进餐之用"。侗民们采用地面式住宅之后，抬高的火炉铺可视为尚保持了干栏席居生活习惯的做法。

3. 交通空间与辅助空间

（1）交通空间：楼梯

楼梯的位置有两种方式，一种是沿用干栏式住宅山面入口的方式，将楼梯仍置于山墙面，二层仍由侧面出入，因而不须经过地面层的任何房间；另一种是在堂屋正壁后侧，在正房的中轴线上，这种方式在合院地面住宅中较为常见。

（2）辅助空间：厨房、畜棚、厕所及储藏等空间

地面式住宅一般将畜棚、厕所及谷仓、杂物间等布置在正房之外的附属用房中，即为辅助空间。[①]与干栏式住宅将日常生活的大部分内容聚集在一幢住宅的各个竖向楼地面不同，地面式住宅的生活在平面上展开。

4. 素土地面与木板地面

地面的处理直接关系到居住的舒适性，进而还反映出住宅的民族性。侗族聚居区内保留了古老的由巢居发展演变而来的干栏式住宅，楼居为其基本构成形态，木楼板作为人们的基本生活面，延续了住宅的传统生活状态，也改善了人们生活的物理环境。

在地面式住宅中，虽然日常生活已经地面化，但仍能从对地面的处理上看出其与干栏式住宅的渊源关系。由于木材的获得相对从前来源更困难，价格更昂贵，素土地面与木地面作为地面的两种形式。

在地面式住宅中则分别代表着汉族与南方少数民族两种居住文化体系的影响：堂屋代表着汉族礼制文化的影响，其地面处理与汉族住宅相同，均采用素土地面；两侧厢房作为寝卧空间保持着楼居的特征，只要经济条件允许，均采用木板敷面。所调查的侗族聚居区内的地面式住宅，基本上采用这种地面处理方

---

① 设在正房外的炉灶主要用来烹煮牲畜用的饲料，厨房则以火塘作为一家人食物的主要烹煮场所。修建附属用房遵循着"前怕牛栏，后怕仓"的禁忌，认为"屋前有圈不吉利，屋后有仓不安宁"，一般将猪、牛栏设在正屋两侧，仓储建于屋前一侧或利用正屋的阁楼空间。

式。

三、侗族鼓楼

侗族民间对鼓楼的称谓,主要有两个方面的含义,一是源于形,有"百""楼"或"独脚楼";二是因其用,称之为"罗汉楼""聚堂""堂卡""堂瓦""鼓楼"。虽然侗族鼓楼究竟起源于何时何地无史可稽,但是综合考察侗族的民间传说、民间信仰、民族语言乃至史料记载、建筑实物,侗族鼓楼(图 5-6)既是社会生活的需求所致,其形式又与结构技术乃至功能需求的发展密切相关。

图 5-6　侗族鼓楼

现存的鼓楼多为清初到当代的建筑,从木结构体系上可划分为两大类型:

①抬梁穿斗混合式,根据梁架的局部特征划分为"穿型"及"梁型";

②穿斗式,又分为"非中心柱型"和"中心柱型"两种。

本书划分的依据主要是大木作的结构体系和屋面的构造做法,因此,在各类型中都包含了底层架空的"干阑"鼓楼,即不把底层是否架空作为结构技术划分的依据。

(一)抬梁穿斗混合式鼓楼建筑

抬梁穿斗混合式鼓楼,是指在前后檐柱之间或金柱之间以穿枋联系,枋上立瓜柱支承三架梁或五架梁,形成脊步或上金步局部的抬梁结构,亦即上金檩、中金檩是落在梁上而不是柱头上,但金柱和檐柱的联系仍为穿斗式,如湖南通道县黄土乡芋头村牙上鼓楼,如图5-7所示。①

图5-7　湖南通道县黄土乡芋头村牙上鼓楼

在侗族鼓楼中,混合式的做法是在前后金柱或檐柱上架梁或穿枋,用来承托上部的瓜柱和檩条。本书将具有"穿斗特征的大梁"称为"穿梁"。根据穿梁以上梁架的特征将抬梁穿斗混合式鼓楼划分为"梁型"②及"穿型"③两种类型。"梁型"如湖南通道县黄土乡芋头村牙上鼓楼(图5-7),穿梁上立瓜柱承五架梁,依次而上;"穿型"如湖南通道坪坦乡坪日鼓楼明间的构架。

1. 鼓楼与门楼

湖南通道县坪坦乡阳烂鼓楼,始建于清乾隆五十二年(1787年)。鼓楼坐落在村口河边,由门楼、鼓楼、后楼组成,鼓楼与后楼

①　关于抬梁式与穿斗式的概念,朱光亚先生在"中国古代建筑区划与谱系研究初探"一文中曾予以廓清。在穿斗建筑中,关键是"穿",无论是称"梁",还是称"枋",其与柱的连接都是以穿过柱的榫卯形式完成的;而在抬梁建筑中,凡作为受弯构件中的"梁"都是搁置在柱顶,并往往是柱子插入梁底的。《中国建筑史》(中国建筑工业出版社第四版)提出"明间为使空间开敞、庄重,虽然柱梁交接还是横向榫卯关系,具穿斗特征,但已改用大梁联系前后柱,省去多根柱子,同时大梁上再抬上部梁架,为抬梁、穿斗混合式"。并图示皖南住宅作为抬梁、穿斗混合式的范例。
②　指"穿梁"上立瓜柱支承三架梁或五架梁。上金檩、中金檩是落在梁上而不是柱头上,脊步或上金步都是"柱承梁,梁承檩"的关系。"穿梁"以上是纯粹的抬梁结构,如,湖南通道黄土乡的龙氏鼓楼,穿梁上立瓜柱支承三架梁。
③　"穿型"是以类似的穿梁上部支承瓜柱,再由瓜柱承檩,瓜柱之间以穿枋联结,但瓜柱与下层"穿梁"的关系仍然是插入梁身,而不是"穿"。

之间有连廊相接,如图 5-8 所示。

图 5-8　坪坦乡横岭村的横岭鼓楼

鼓楼是为"梁"式鼓楼,"穿梁"为月梁形,栌斗状的瓜柱支承上部三架梁。火塘设在鼓楼底层。鼓楼二层由后楼楼梯经连廊进入。鼓楼三重檐歇山,后楼明间柱升起,形成重檐悬山,门楼重檐有如意斗栱,各部分造型各异,建筑组合体风格独特,成为阳烂寨村口的标志。图 5-9 分别为横岭鼓楼的平面、二层平面和剖面。

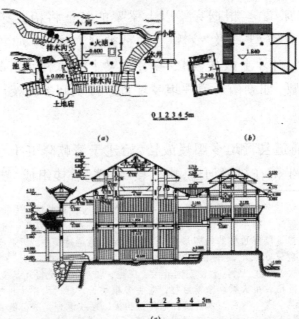

图 5-9　横岭鼓楼的平面(a)、二层平面(b)和剖面(c)[①]

---

① 图5-9、图5-10和图5-12的平面图选自:蔡凌.侗族聚居区的传统村落与建筑[M].
北京:中国建筑工业出版社,2007.

坪坦乡横岭村的横岭鼓楼,由鼓楼、寨门1、寨门2几个部分组成。清咸丰五年(1855年)修建鼓楼,清同治三年(1864年)扩建寨门1,寨门2建于清光绪九年(1883年)。建筑组合体由一个部分历时28年完成,却宛如一个整体。鼓楼属型"穿型"鼓楼,重檐歇山,由金柱间的"穿梁"承托上部梁架。瓜柱间的联系仍为"穿"。受其影响,寨门1、寨门2的明间构架也为"穿型"。寨门1利用自身金柱与鼓楼的檐柱之间的连系梁承托瓜柱,从而减掉了靠近鼓楼的4根檐柱,使得鼓楼到寨门1的室内空间自由、流畅。两个寨门均是由金柱伸出屋面,金柱两根与悬山屋面交接处设额枋联系,上置大斗及如意棋出挑,形成四阿屋面。寨门设于鼓楼西面的坎下,架空的底层正好作为由渡口进入村寨的通道,如图5-10所示。

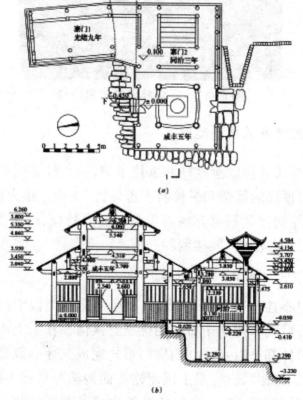

图 5-10　横岭鼓楼的平面 (a)、剖面 (b)

2. 鼓楼与鼓楼

三江林溪乡岩寨鼓楼由两部分组成,鼓楼 1 是较封闭的空间,设火塘,多为冬季使用;鼓楼 2 则空间开敞,神龛正对大门,是该鼓楼的主要空间。这两部分结构独立,平面相连,室内空间相互贯通。在立面上则出现两种不同风格的造型特征。鼓楼 1 采用悬山屋面,设腰檐;鼓楼 2 是为抬梁穿斗混合运用的"穿型",用明间屋架局部抬高屋顶,形成重檐歇山的造型。鼓楼的主要结构部分均架空,入寨主要道路从底层穿过,拾阶而上(见图5-11)。

图 5-11　三江林溪乡岩寨鼓楼

(二)纯穿斗式鼓楼建筑

纯穿斗式鼓楼以落地柱和瓜柱承檩,柱与柱之间的联结用穿枋,屋架由顶部的檩条和纵横若干道穿枋、斗枋连接为整体。

纯穿斗式鼓楼根据其屋面类型和受力特征,可分为"非中心柱型"和"中心柱型"鼓楼两种。

1."非中心柱型"鼓楼建筑

"非中心柱型"鼓楼平面形式和屋面造型类似于抬梁穿斗混合式鼓楼,但其木构架中所有的檩条直接落在柱头上而不是梁头上,水平构件都是以穿过柱的榫卯形式完成。牙寨鼓楼也是典型的"非中心柱型"鼓楼,最上层屋檐屋面构架与皇朝小鼓楼相似,广场两侧的檐柱与金柱之间的穿枋出挑承托挑檐檩;而道路一侧的檐柱、金柱相同标高的穿枋不出挑,由檐檩承椽皮形成屋面,再在穿枋的下部多加一根穿枋出挑,形成一道腰檐。鼓楼相连的长廊结构相同,如广西三江县独峒乡高定村楼务鼓楼,如图 5-12所示。

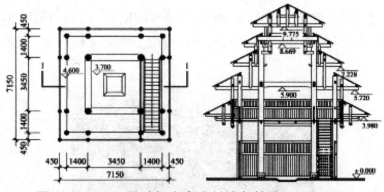

图 5-12　三江县独峒乡高定村楼务鼓楼剖面和平面

2. "中心柱型"鼓楼建筑

"中心柱型"鼓楼平面为正多边形,屋面为多重檐攒尖,其造型高大挺拔,在侗寨中自然成为构图中心与垂直标志。"中心柱型"鼓楼则充分体现了侗族建筑在穿斗式结构上的创造与发展,而且鼓楼造型丰富多彩,构造做法多种多样。

四、侗族其他公共建筑分析

风雨桥不仅是村寨的交通建筑,还起着弥补风水、日常交往和原始信仰的场所作用。侗族风雨桥在结构技术上的主要成就是利用伸臂木结构完成多桥跨的桥梁,并将桥屋的功能与艺术完美地结合。萨堂相对于鼓楼建筑而言,更具有原始宗教的精神象征作用,而物质实体性较弱。寨门、戏台等建筑与鼓楼、萨堂、风雨桥一起,是侗族村落中重要的公共建筑,也是村落公共空间的重要组成部分。

(一)风雨桥

1. 风雨桥及其功能与特征

侗族村寨依山傍水,为了满足行走方便,解决跨水交通,生产和对外交往的需要,人们在溪河上架起了各式各样的集廊、楼、亭于一身的小桥。桥上亭、廊相间,脊饰花、草、风、鱼或飞禽走兽,顶置有复钵、宝瓶及随风转动迎风而鸣的铜鸟、白鹤,桥内油漆彩绘,雕梁画柱,彩旗、香袋高悬,十分华美,故而又被称为"花桥"。

图 5-13　侗族风雨桥

侗族风雨桥(见图 5-13)在长期的发展过程中,在结构、构造、造型等方面,已经形成一套成熟的体系。小型风雨桥没有桥墩,单跨直接搁在加固的两岸,桥廊长从三开间到十多开间不等,显得朴素小巧,如芋头村塘坪桥、塘头桥;二江林溪乡岩寨的频安桥等等。

2. 风雨桥的选址

风雨桥的选址,一般位于水出口,即村寨下游寨尾。[①]风水中对水之入口处的形势要求不严格,有滚滚财源来即可,但水出口却往往是改造的重点,水口"宜有罗水、游鱼、水辰、华表、捍门关拦重叠之砂镇居"。风雨桥在村寨下方河面水出口的设置,在提供人们交通便利的同时,还是"堵风水,拦村寨",使村寨"消除地势之弊,补裨风水之益"的设施,风雨桥上楼亭重重,亦符合风水

---

① "水口"在中国传统村落的空间结构中有着极为重要的作用。水口的本义是指一村之水流入和流出的地方。在中国传统文化中,水被看作是"财源"的象征,水"环流则气脉凝聚","左右环抱有情,堆金积玉"。

中水口应有关拦重重镇居的说法。除此之外,还因侗族把水看成是游龙,据说"龙从上游游到桥边,回头守寨,保护寨子人畜平安"。

(二)原始宗教理念的产物:萨堂

"萨"是侗族所供奉的祖母神,是侗族原始宗教信仰的重要内容。"萨堂",直译为汉语就是祖母堂,是敬奉"至高无上的祖母神"的场所。侗族认为"客家庙大,侗家萨大",意为汉族以供奉神仙的庙宁为大,侗族则以祭祀祖母的"萨堂"为大。"萨"被当作最神圣的祖母神长期受到顶礼膜拜,表现出原始信仰的稳定性。萨堂大致有两种类型:房屋坛和露天坛。

1.房屋坛

房屋坛,如芋头村内的萨堂,以三角形排列的木柱为支撑搭棚,其上植藤蔓作为坛的遮蔽物(这种不多见)。又如肇兴纪堂下寨的"萨堂",修建房屋,在建筑内安宫设坛。旁有一块立于1917年的"千秋不朽"碑。[①]纪堂寨萨堂"圣母宫",宫门上画有萨神像,这在侗族地区极少见。以房屋坛为祭祀场所,其建筑有简有繁,如图5-13为榕江车江侗寨圣母祠。

图5-14　榕江车江侗寨圣母祠

2.露天坛

[①] 碑文上说:"古者,立国必须立庙;庙既立,国家赖以安。安寨必欲设坛,坛既设,则乡村得以吉。我先祖自肇洞(即肇兴)移上纪堂居住,追念圣母娘娘功威,烈烈得布,洋洋以能保民清吉,大富平安。请工筑墙建宫,中立神座,供奉香烟。"

坛用片石围砌填土垒堆而成,上插一把半开半闭的纸伞,伞中有一把扇子。坛边植青叶树,如松树、柏树、桂树或黄杨,有的在坛上放一石墩或盖一块青石板,石墩上置三个小茶杯。较简单的露天坛,如通道县黄土乡芋头村的寨边萨堂,以 3 棵三角形排列的松树作为坛的领域边界,坛上放置一块石板。稍复杂的则如肇兴乡堂安寨的萨堂,以巨石为坛,坛边以野刺环绕,坛前有一两坡门屋,作为祭祀时的入口,平时门屋锁闭,坛旁对称种植黄杨,厦格寨的露天坛也是如此。

无论是房屋坛还是露天坛,坛下埋的东西什物,不外乎是铁制三脚架、锅、锅铲等生活用具和银制小碗、杯、筷、梳等日常生活用品。萨堂有专人管理,其职守多由世袭,非敬祭之日,其他人不得入内。与汉族的祖庙、宗祠不同,萨堂里没有神主牌位,坛内的各种物件,显然只具某种象征意义。尽管规制、形状不完全相同,但萨堂透露出来的文化信息是一致的;侗家人观念中的"萨",既非一个具体的偶像,亦非那种虚幻的绝对存在,它是集保护、主宰、兴旺、启示多种功能于一身的原始宗教理念的产物。

(三)寨门、禾晾、戏台

1. 寨门建筑特色

寨门作为一种建筑类型源于防卫的功能。以前,寨子周围筑土垒成栅栏,以防御匪患,在主要路口设寨门作防卫重点,后来逐渐成为村寨的标志及地域的界定。寨门的基本形式有三种。

(1)门阙式

门阙式是侗寨分布最广,形式最为多样的寨门形式。

有的寨门呈牌楼样式,无进深;有的呈门房样式,一到两步架进深,内设条凳;有的将门两侧加厢房,似凉亭功用,供人歇息停留。这类寨门并不强调防卫功能,而是突出其标志地域,界定空间的作用,因此"形"是其至关重要的因素。如湖南通道县坪坦乡高团寨寨门,以多重檐的歇山顶为主,背后插入重叠的悬山顶,两种迥然不同的屋面形式组合在一起。为了追求较强的装饰性,这类寨门还常采用"蜜蜂窝",并以浓重的色彩粉饰。

（2）干栏式。

将底层架空留作进出的通道,有的还在底层设栅门,楼层则用以瞭敌报警(现栅门和楼层逐渐失去作用),寨门在外形上与鼓楼颇为相似。

（3）组合式

除这两种基本形式的寨门外,还有将寨门与其他类型的建筑组成一体的组合式寨门。如横岭鼓楼,即干栏式寨门与鼓楼的组合;阳烂鼓楼,则为门阙式寨门与鼓楼的组合。位于村水口的风雨桥,桥本身便起着进出村寨的交通作用,因此有的在桥端附加门阙式寨门,形成寨门与风雨桥的组合。

2. 禾晾建筑特色

侗族部分村寨实行群仓制,即各户的禾仓,集中建在寨外的适当地点。为了防火及防鼠,一般将禾仓建于水塘之上。修建时,先在水塘里打下七至八根木桩或石柱,露出水面一尺许,再在桩柱上铺以厚厚的木板,然后再在木台上建一座 3 ~ 4 米见方的木屋。有的立于较浅的水面上,则直接以块石垫高木柱,仍作"整柱建竖"方法建穿斗构架的禾仓。

侗寨中还有一种肋木形式的高木架——禾晾,一般立于寨周或寨中向阳的空地上,两端并排的主柱高约5 ~ 6米,立柱间为一根根活动的横木,形成间隔约40 ~ 50厘米的横格,是晾晒稻穗的构件。还有的将禾仓与禾晾相结合,方便劳作。

3. 戏台建筑特色

侗戏是在侗族叙事大歌的基础上,受桂剧、祁剧、辰河剧、桂北彩调、贵州花灯等汉、壮民族地方戏曲的影响而发展起来的民族剧种。有研究者根据民间传说和演戏开台祝祷词推断,侗戏大约产生于嘉庆、道光年间(1830年前后),为侗族民间艺人吴文彩始创。侗戏的历史仅百余年,因此戏台也是较新的建筑类型,与湖南、广西、贵州汉族地区戏台相比较,规模与体量都小得多,且造型也十分简朴。

戏台多利用鼓楼坪的场地,满足看戏的场地要求,因此戏台布置在鼓楼一侧或对面。戏台本身根据实用要求,有前台、后台、侧台等部分。前台宽敞高大突出,侧台等矮小后退,形式多为干栏式,上层演戏,底层或作准备间。

第二节　壮族文化区域的建筑特色

一、壮族建筑文化区域的划分

(一)贵州壮族文化区域的划分

关于族群的概念,通常有两个定义:

(1)民族学中指地理上靠近、语言上相近、血统同源、文化同源的一些民族的集合体,也称族团。

(2)指在同一时间同一地点由同一生物所形成的团体。

贵州壮族大部分集中于黔东南从江的西南部,与苗族、侗族、瑶族、汉族等杂居。壮族建筑大量分布在都柳江南岸的宰便河(孖城河)和平正河(开览河)两条相邻的支流两岸,少数分布在南部的西山区,大约有100多个大小自然村寨。建筑文化区域以秀塘乡、刚边乡、加榜乡、宰便镇、雍里乡等最为典型和集中。建筑文化区域划分以各乡的行政区域划分为基础,以各个大小的自然村为中心,建筑文化较集中的秀塘乡有杆洞村、打秀村、打郎村、下敖村、上敖村、交顶村、卡机村、塘洞村、平岸村、上洋寨、下洋寨、卡宰寨、雨窝寨、下南马寨等;刚边乡有刚边村、宰鸭村、宰船村、鸡脸村、宰别村等,宰便镇有宰便村、摆利村、宰帽村等,加榜乡有下尧村等,雍里乡有归林村等,翠里乡有高文村等,黔南荔波县黎明关乡久安村等。这些具有代表性的少数民族村寨星罗棋布在大山田野之间,形成了壮族建筑文化区域,每个建筑文化区域之间有联系也有细微差别。

（二）广西壮族建筑文化区域的划分

壮族是广西乃至整个岭南地区最早的土著,其先民自古就在南方的珠江流域繁衍生息。壮族的民族主体是很少迁徙的,并和汉族、侗族、苗族、瑶族、水族、仫佬族、毛南族等其他民族杂居,在不断的变迁整合过程中形成自己的民族特质和文化特性,建筑文化也因居住环境、气候植被、风俗习惯、族群文化的不同,呈现出不同的特点和细微的差别。

基于对壮族地区不同人文环境和自然条件的全面分析总结,广西建筑文化区域可划分为桂西北干栏区、桂西及桂西南干栏区、桂西中部次生干栏区、桂东地居区等。

（三）广西与贵州壮族文化区域的比较

贵州壮族建筑文化区域的形成和广西壮族建筑文化区域密切相关,二者你中有我、我中有你,是密不可分的,都经历了不断的整合变迁的历史过程,彰显出各自的文化特色。贵州壮族建筑文化区域较为集中的地区是从江县,位于贵州东南部,紧邻广西,东接广西三江侗族自治县,西连荔波县、榕江县,南邻广西融水苗族自治县和环江毛南族自治县,北靠黎平县,居都柳江中游,境内地形复杂多样,资源丰富。全县辖 14 个乡 7 个镇(其中民族乡 3 个),以苗族、侗族、瑶族、壮族、水族等少数民族为主。长久以来,从江壮族与其他民族杂居,形成了自己的民族特性和文化特质,经过不断的传承变迁,建筑文化也不断发展变化,与广西等地的壮族文化区域形成对比,在民族的迁徙融合中散发出熠熠光彩。贵州壮族建筑"与邻近桂北一带壮家房屋有区别,桂北楼房立柱无两节,屋头一般无偏厦,均砌围墙到顶,三间五间甚至九间十间不等,楼梯(多石梯)安于屋前正中间,屋内无走廊。从江壮家建房一般是两层相叠,两节柱。房屋主体为三列两间,两头加偏厦"。

二、壮族干栏建筑

壮族先民生活的地方炎热多雨、地面潮湿、瘴气浓重，为适应这种生态环境和气候条件，他们发明构建了干栏式建筑。这种建筑形式具有通风干燥、安全实用、凉爽舒适的特点。[①]

壮族多选择在依山傍水近田的缓坡或平台上建造房屋，既可方便下田，又不怕水淹。在建筑材料的使用上，就地取材，因材施用，如图 5-15 所示。

图 5-15　壮族干栏建筑

（一）壮族干栏建筑的类别

1.简单全楼居

简单全楼居以广西西南部靖西为代表，是干栏式建筑的较为原始的形式，以两开间及三开间为多，也有少数单开间或四开间。建筑为木结构。舂土或竹篱涂泥墙，分上、下两层。底层为牲畜圈和放置诸如柴草、农具等杂物的地方；上层住人，设有入口外廊，前堂后房。火灶位于右侧间，中间三间房是连通的。这类房屋的突出特点是左右侧间的前部另设两耳房。

---

① 有关壮族干栏式建筑的最早记录见于宋代(960—1279)范成大的《桂海虞衡志》：
"民居檐茅为两重棚，谓之麻栏。"今天的壮族地区仍然保留着传统的干栏式建筑，但不同地区其建筑形式有所差异。从江、黎平等地的壮族与侗族杂居，所以干栏式建筑的外观基本与当地侗族民居相同。

2. 发达全楼居

发达全楼居,以桂北龙胜为代表,为全木结构,建筑以三开间带偏厦和五开间居多,分上、下两层,居住层由望楼、堂屋、火塘和卧室组成,下层为牲畜圈和放置杂物的地方。火塘间的近处向阳面设有晒排,供洗涤晾晒用。

3. 半楼居

半楼居是适应木材较缺乏的丘陵地区的一种建筑形式,如宜山、都安、武鸣等地区。其外墙和部分内墙用舂土或砖墙代替木料,底层较低,只有一部分空间可以利用,居住层为半楼半地,多为三开间。

(二)壮族干栏式建筑的构成及宗教文化

壮族干栏式建筑以穿斗式的构架为主,屋顶多为悬山式,屋面平缓。居住层由望楼、堂屋、火塘间和卧室组成。望楼是居住层半户外空间,是休息、眺望、晾晒的场所。房屋内部采用了前堂后房的居室布局模式。厅堂正中的板壁上,有一个神龛,神龛上部是祖先神台,下部为土地神的神位。侧边为火塘间,同时兼作厨房和餐室,这里也是全家聚会、会客、娱乐的地方。火塘间室外的向阳面搭有晒排,供晾晒之用。在屋顶还设有阁楼,用来贮存农作物、杂物,用活动爬梯或固定木板梯上下,可起到防寒、隔热的作用。

壮族在宗教信仰方面,以师公教为核心,巫、道、佛三教一并信仰,是个多神信仰的民族,这在其民居上都有所体现。在住址选择上讲究按照"风水"选龙脉吉地,新房动土前要择卜吉日,否则便认为会触犯土地神。为了居室的安全,他们还在住宅中奉祀了种类众多的神灵,有守护出入关口的门神,镇宅的土地神、财神、灶神以及主管添丁送子的花婆神等。

（三）壮族干栏建筑的分布格局

干栏式建筑的四周，常用荆棘编成篱笆围成庭院，庭院内种柑橘、芭蕉、木瓜和翠竹。壮族有聚族而居的传统，同一家族的成员多集中居住在一起，因此形成了串联式和并联式两种类型的分布格局。有的还修建门楼以示分隔。

串联式干栏群落是将每行辐射线上的建筑用飞桥串联起来。

并联式干栏群落是将若干栏排成两行，中间留有通道，两端有围墙和院门，形成一长方形院落，同一家庭的兄弟之间，可不经过外门而相互联系。

三、贵州壮族建筑的其他类型及特征

（一）贵州壮族建筑的其他类型

1. 寨门

古时，壮族村寨一般都是有寨门的，它是一个村寨的"门脸"，更是村寨的"护盾"，可防匪护村。村子里的婚丧嫁娶、迎来送往，都要经过寨门，寨门是壮族人民生活的一个缩影，是展示壮族人民生活的"舞台"。旧时的寨门主要是木质结构，由门柱、门栓、门扇等组成，壮家寨门已存世较少，所幸在秀塘乡上敖村还保存着一扇完好的寨门，是原来进寨的必经之路，体量较小，但具有一定的代表性。

比如今在秀塘乡、刚边乡新修建的寨门和古时的寨门有本质上的区别。因为时代的更新与不同，新修的寨门主要起装饰作用，已经没有了寨门最初的防御外敌入侵的基本功能。壮家年长者基本上都见过壮家寨门的形制。旧时的晚上，寨门必须紧闭，以防御外族和野兽的侵犯，全村人都会在规定的时间准时回到寨子里。

2. 围墙

壮寨的围墙多数已经不复存在,但多数年长者依稀还记得壮寨围墙的样子,它的功能主要是防御。听老人们描述:围墙一般高七尺,厚度为三尺左右,制作材料多为花岗岩和就地取材的各类石头,并根据防御需要堆砌,从寨头包围至寨尾,在寨子的最高处还会修建瞭望台连接围墙的最高点,大多数围墙都在1958年前后被拆除。壮家人一般会在石围墙上种植荆棘和刺藤类植物,起到保护寨子的作用。旧时如果发生紧急情况,如有匪出现、火灾等,寨子内的村民会敲响木鼓,提醒在外的村民注意并赶紧回村避险或抢险。

3. 谷仓

谷仓,是壮家人储存粮食的地方,其既要能够储备粮食,安全通风,又要能够防鼠,又称禾仓。

壮家禾仓的选址比较科学,一般选在村头、屋后等,与主体建筑保持一定距离,主要是防止火灾。禾仓离地50~100厘米,主要为了防潮和防鼠,多为单体单间,也有单体多间,在秀塘乡打秀村就现存有单体多间的禾仓,整个谷仓为一个单体,整齐划一,由6间谷仓组成,现在仍在使用。楼梯多为活动木梯,需要取用粮食的时候,在禾仓下取木梯搭至禾仓门前,开仓进门取用稻谷,此类楼梯的最大特点就是方便,不用从家里携带攀爬进谷仓的工具,使用完移除,还可以有效防止鼠、虫。

4. 禾廊、磨坊、水车、水碓

贵州壮族世代居住的地方土壤肥沃,气候温和,雨量充沛,特别适于种植糯谷,壮家人有丰富的种植经验。壮乡是糯谷多产地区,壮家人在房前竖立一排丈许高的木柱,用来晾晒糯谷,叫作禾廊。壮家人喜食糯食,多以糯食为主粮,从古至今他们都认为糯米耐饿,有"三餐不比一餐糯食"之说。秋天糯谷丰收,壮家人把收获的糯谷一把把整齐排列,挂在禾廊的横杆上,待糯谷晾干后入仓。禾廊增加了房子走廊的宽度，禾廊一头修一禾仓，用来装糯谷，也有一些壮家人在村寨的其他地方修建禾仓，主要是为了防止火灾。壮家有的禾晾就在房子的顶部，在柱和梁之间横搭上竹竿或木棍，糯谷也可以晾晒在横杆上，待要食用时，及时取用一些即可。也有单独的禾晾架子，随着糯稻种植面积的减少，壮家大规模的禾晾架子已经不多，存世的古老禾晾大部分已经垮塌散架。现存较古老的是秀塘乡打郎村的禾晾，保存较完整，但已经被村民弃用。

随着时代的发展，大部分村庄已经通电，电动机器在农业生产中大量使用，壮家的磨坊和水车已经逐渐退出历史的舞台，存世较少，有的已经废弃或被洪水冲毁，有的虽然还在使用但是已经形同摆设。壮家人是最能利用身边的环境为自己的生活服务的，磨坊与水车就是他们高超智慧的最好印证。过去，打郎村比较闭塞，在未通公路和电前，磨坊里的水碾一直旋转不停，当地人一直依靠水碾来磨面碾米。磨坊由引水道、水轮、磨盘、磨轴等组成。

水碓，又称机碓、水捣器、翻车碓、斗碓或鼓碓水碓，是一种借助水力舂米的农用器具，是脚踏碓机械化发展的结果。秀塘乡打郎村尚存一座水碓；刚边乡宰别村有五座水碓，有的已不再使用，有的已倒塌。[①] 利用水碓，可以日夜加工粮食，原理是：泉水从山顶高处流至最低处，迂回往来，注入蓄水的木槽，在重力的作用下使水碓往下，水流尽后，复位，水碓冲击石臼的谷物，如此往复，谷物便舂碓完毕，环保、方便、快捷、无污染，是非常有代表性的农耕文化遗存。

5. 风雨桥

风雨桥本来是侗族独有的一种桥，盛行于湖南、湖北、贵州、

---

① 由此看来，水碓不是汉族的专利，壮族的先民已经懂得借助水力来舂米，我国最早提到水碓的是西汉桓谭的著作，《太平御览》引桓谭《新论·离车第十一》说："伏义之制杵臼之利，万民以济。及后世加巧，延力借身重以践碓，而利十倍；又复设机用驴骡、牛马及投水而舂，其利百倍。"文中提到的"投水而舂"，就是水碓。《古今图书集成》也载："凡水碓，山国之人，居河滨者之所为也，攻稻之法，省人力十倍。"

广西等地,主要组成部分为桥、塔、亭,以木结构为主,现在也有砖木、砖石木混合结构,塔和亭以石质的桥墩为基础,桥面多为木板,桥两旁有栏杆、长凳等,桥顶铺设瓦片,风雨桥结构复杂多元,风格突出。壮家原本没有风雨桥,古时随着壮族先民的不断迁入,与贵州当地的侗族、苗族、瑶族等民族杂居,侗族建设风雨桥的工程技术和传统逐渐被壮族人民学习、借鉴,所以贵州壮族的风雨桥基本与当地侗族风雨桥相同,受到侗族建筑文化的深刻影响。

　　壮族的风雨桥一般以木质结构为主体,对于跨度较大的桥,中间建有石质的桥墩。桥的两边有栏杆,供人们避雨、纳凉、休憩等。有的风雨桥桥头立有功德碑,上面写着村里、乡里企业个人为修桥捐款的数额,为保桥梁和村寨平安,有时当地人还在桥两头放置符咒,祈求平安幸福。①

(二)贵州壮族建筑的特征

1.基本特征

　　贵州壮族建筑的基本特点是梯形屋面的干栏式建筑,或叫麻栏式建筑,"干"是上面,"栏"是房屋,所谓干栏是指房屋有上下两层,但近年来所建造的房屋多为三层。壮家房屋是干栏式建筑的杰出代表。干栏式建筑有以下特点:一是房屋主体一般为三列两间,两边有偏厦;二是楼梯多为木梯,一般设置在房屋左侧或右侧;三是二楼前部有走廊间;四是堂屋宽大开阔。

2.结构形式特征

　　壮族房屋结构形式有下面两种。

　　第一种为黔东南地区的从江县,房屋主体一般为三列两间,两边有偏厦,楼梯一般设置于房屋左侧或者右侧,多为木梯,也有少数石梯。如秀塘乡打郎村某户黄姓人家,因为打郎村交通不

---

① 如刚边乡刚边村宰鸭寨的风雨桥就是壮家风雨桥的代表,据当地人介绍,宰鸭寨原本没有风雨桥,雨季时山洪暴发,当地老百姓不方便走亲访友,学生不能上学,所以村里提议修建风雨桥。翠里乡高文村也是因此而修建风雨桥。

便,物资匮乏,房屋主人就以石梯连接楼上和楼下,大概位置处于房屋正中,后随房屋的改建、扩建,石梯不再使用,已被废弃,但至今还有石梯的遗存。因为壮族长期和汉族、瑶族、苗族、侗族等民族杂居,其房屋结构与侗族房屋结构有些相似,但又有区别,多为"木质结构,分上下两层,上面住人,楼下一部分为猪牛圈,一部分放农具、安舂碓和杂物"。房屋结构形式为三列两间或者四列三间搭偏厦,以此类推。

第二种为黔南地区荔波、独山一带,壮族房屋结构与毗邻的布依族和桂北壮家建筑相同。

其形式与邻近广西的环江、南丹壮族住房相同,一般比较宽长,有三间、五间、七至九间不等,以五间为多。每列四大柱,无中柱,一楼一底,底层一头或两头充实土石以作火塘地基,其余作为猪牛圈。上层住人,按一列四柱分为前后中三隔,后面为中老年住房,中间厅堂,一头或两头设火堂,中间对正门为香火塘,前面为未婚子女住房和客房、织布间,屋两头开窗,搭偏厦的极少。楼梯设于房屋前面正中,砌石梯或架木梯。过去有大的地主家围以砖墙,里面仍是木质结构。

3. 平面结构

贵州壮族建筑的一层多作为堆放农具、杂物和饲养猪牛等牲畜的场所,一层结构多如图5-16所示。

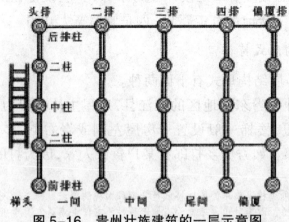

图5-16　贵州壮族建筑的一层示意图

横向分别为头排、二排、三排、四排、偏厦排，纵向分别为后排柱、一柱、中柱、二柱、前排柱，横向纵向的两排柱交错形成了一间、中间、尾间、偏厦。楼梯端为梯头位置，一层平面结构横向和纵向都为五根柱，共五排，25 根，25 个柱基。二楼排列分别为瓜柱、檐柱、二柱、中柱、二柱、檐柱、瓜柱，中间有抬楼柱，抬楼柱一般比较粗大。柱子和柱子穿的间方跨度宽，中间还垫一至两根楼枕，楼枕和抬楼柱交接，枕和柱交接处壮语叫"杭蚌"，意为鱼鳃，因为形状和鱼鳃非常接近，柱和枕结合得十分紧密、牢固。

3.贵州壮族民居建筑的装饰与结构特征

贵州壮族是一个热爱生活的民族，他们在建造房屋的过程中除了注重房屋的居住功能以外，对房屋的装饰也有较高的要求，在房屋建造过程中着力打造一些细节，如柱基、门窗、栏杆、屋脊、挑手、墙、地板和其他构件等都会根据房屋建造的具体情况和要求作装饰和调整，从这一点可以看出壮族是一个对"美"极有要求的民族。

（1）柱基

贵州壮族的建筑总是因地制宜，就地取材的，柱基就是一个明显的例子。壮家人生活的地方多为山区和河滩开阔地，非常潮湿阴冷，木质的杉木柱子容易被雨水侵蚀从而危及房屋的安全，所以他们就在河边或山里寻找岩石，找到后经过简单的雕凿和打磨，用作房子的柱基。[①] 石柱基多为花岗岩、石灰岩等材质，质地比较坚硬平整，有的两三块，有的一整块，有的四五块，数量不等；有的是水泥柱基，有的是水泥与花岗岩结合的柱基，千姿百态，应有尽有。

（2）门窗与栏杆

壮族是一个爱美的民族，注重装饰门窗与栏杆是由来已久的传统，在经济条件允许的前提下，门窗与栏杆都会被主人装饰得

---

① 柱基顾名思义就是柱子的基脚，壮家又叫柱脚，或叫柱脚石，壮语音译为"很地董"，它既能防止雨水的侵蚀，又能保持房屋的稳定性。

漂漂亮亮,各种各样的图案应有尽有,有花草、虫鱼、几何图案,有的借用了汉族或者其他民族的装饰图案,还有的是木匠根据自己的经验和想象创造出的,拼装时不用一颗铁钉,而是运用榫卯的结合,用竹钉或木钉来完成图案和纹饰的连接,极富创造力和想象力,丰富了壮家的传统工艺和技术,有一定的美学和工艺学的研究意义,值得记录和参考。

（3）屋脊、挑手

壮家屋脊的装饰与变化较多,有牛角、铜钱、元宝、凤凰等造型,丰富多彩,体现了各民族文化之间的相互学习、相互借鉴。

挑手是屋檐下起支撑作用的木质构件,与房檐前后端相卯合,能起到良好的支撑作用。挑手下的吊瓜造型比较丰富,有的类似侗家的吊瓜,多元且多彩。

（4）墙

旧时,墙多由木质的板材拼合而成,也有竹制和木制的篱笆,在上面抹泥巴,风干之后也可以起到遮风的作用。如今,墙的拼合与组装根据主人家的喜好和习惯,是不同材料的运用组合,有的墙体直接用装饰的木板拼装,有的墙体用铝材和不锈钢,有的墙体用砖石堆砌。从墙体材料的丰富和多元可以看出壮家人生活的巨变,传统在潜移默化地被改变,也许在不久的将来,再也看不到壮族传统的房屋了,它们会被越来越多的钢筋水泥的新型房屋所替代。

（5）地板

地板多为木质的,有松树和杉树等材质,壮家人一般都会选择木质较好的板材作为地板。木质地板脚感舒适,富有弹性,另外密封性和透气性好,因一楼多为豢养牲畜家禽之所,地板的密闭性好,可以有效隔离牲畜家禽粪便的污浊之气。另外,木质地板可以保证整个房屋的透气性,保持干爽舒适。壮家堂屋较为宽敞,地板多采用宽大的杉木铺设,平整光滑,舒适干净。甚至有一些壮家堂屋由于打扫得非常干净,进入时是需要脱掉鞋子的。

（6）其他

上古时代,人们有很多禁忌和崇拜,石崇拜就是其中一种,民间传说泰山石敢当具有镇宅、辟邪、化煞、聚财、开运等奇效。壮家的房屋如果正对马路,他们会用石敢当挡住马路正对房屋的部分,这样据说可以辟邪化煞。泰山石敢当被作为壮寨的崇拜,说明汉族文化已经深深地影响到了壮家人的生活,同样是祈求一家人平安幸福,汉族的石崇拜也被移植到了壮寨中,这是一个很有意思的文化现象。

第三节　回族文化区域的建筑特色

一、回族文化大观

回族是目前中国分布最广的少数民族。全国大部分地区都可以看见回民聚居区,但主要是在宁夏回族自治区[①],在甘肃、青海、河南以及河北、山东、云南以及新疆维吾尔自治区,也有不少聚居区。汉语为回族的通用语言,在日常交往及宗教活动中,回族保留了大量阿拉伯语和波斯语的词汇,在边疆民族地区,回族人民还经常使用当地少数民族的语言。

公元 7 世纪中叶,大批波斯和阿拉伯商人经海路和陆路来到中国的广州、泉州、长安、开封等地经商,后来又定居于此。公元 13 世纪,蒙古军队西征,中亚的穆斯林或出于自愿或出于无奈,大批迁入中国。以这些信仰伊斯兰教的中亚移民、波斯人、阿拉伯人为主,后吸收其他民族成分,逐渐形成了一个统一的民族——回族。

---

① 根据《宁夏回族自治区 2010 年第六次全国人口普查主要数据公报》,全区常住人口为 6301350 人。汉族人口为 4069412 人,占 64.58%;各少数民族人口为 2231938 人,占 35.42%,其中回族人口为 2190979 人,占 34.77%。

二、回族民居建筑

1.回族土房民居的分析

回族居住的房屋有高房式与平顶式的区别,但都围成一个封闭的院落。在西北地区世代生活的回族,典型的民居形式是平顶房,打的是土坯墙、夯土墙,呈一面排水形式。民居多坐北朝南,一字形排列。在青海、宁夏地区生活的回族盖成了生土建筑的平顶民居,为了追求更充足的阳光照射,通常要高出地面一尺多。廊檐比较宽敞,有的有护栏,有的没有护栏。而甘肃回族民居的房基地较高,廊檐同样比较宽敞,廊檐上的立柱鲜艳夺目。在黄土高原地区居住的回族则多住窑洞,如图5-17所示。

图 5-17　回族窑洞

较有特色的是新疆回族的民居。新疆回族的民居主要以平面结构为主,根据不同情况,创造出不同的经济实用的平面类型。俗称"虎抱头"的民居为一种"┏┓"形的平面组合,中间可建数间房屋,两端用柱廊连接。俗称"钥匙头"的民居为"┓"形的平面组合,这种结构可灵活变化,根据人口的多少决定房屋的大小。俗称"一颗星"的民居,是一种内设天井的平面形式,它围绕天井四面建房,门窗都朝天井开,营造出封闭而安静的生活环境。一般常用的"一明两暗"和"一明三暗"即为一字形平面,其结构简单,施工方便,朝向好,经常为平常住户所采用。早在13世纪,就有波斯人、阿拉伯人迁移新疆,还有从新疆东部过来的回族人,他们的民居建筑具有鲜明的西亚以及阿拉伯的特色,如图5-18所示。

图 5-18　新疆回族民居

回族房屋的特征除了平顶之外,第二个特征是围寺而居。回族大多信仰伊斯兰教,他们在固定的时间到清真寺去做礼拜,因此在建造房屋时,采取"围寺而建"的原则,他们往往以清真寺为中心建造居室,这样就围绕着清真寺而形成大的聚落。

2.回族建筑室内布置

信仰伊斯兰教的撒拉族民居的院落的大门不与正房相对,或者在门后建一个影壁。院落中的大门、房门、窗户、梁柱、枋檩等均不作油彩粉饰,保持木材的本色。

回族住房分为客厅、上房、居室和厨房。上房是接待客人的地方,也是老年人做礼拜的场所,因此布置十分讲究。屋内一般都有通长的大火炕,上面铺地毯,侧面摆被褥,并摆放炕头柜。回族的室内大都有浴室,有的浴室虽然比较简便,有的也很讲究,并备有小壶、汤瓶、吊桶等。穆斯林民居反映出其信仰特色,伊斯兰教信奉安拉是宇宙独一无二的神,是主宰万物的无形力量。他们往往用挥洒自如的阿拉伯文书法和饰有伊斯兰特征的克尔拜挂毯及中国传统的山水画(无动物)来美化居室,而不设置人物、动物的画像或塑像。有的在居室的门楣上方贴有用阿拉伯文书写的"都哇",据说有治病驱邪之功。在经常做礼拜的地方专置礼拜用品,如拜毯、拜巾、衣帽盖头、"泰斯比海"(礼拜用的串珠)、"泰斯达尔"(礼拜时男人缠在头上的一种装饰品)等,这些物品不能同其他衣物放在一起,以表示其尊贵和洁净。居室内的床铺忌迎门而置,睡觉时注意头向西边,朝向圣地麦加。

回族具有尊老爱幼的习俗。在家居文化上,也为老人特地准备了活动的空间。伊斯兰教以西方为尊贵,老人住在西屋,炕上西边为上首、上坐,也是老人坐的地方。平常要尊重老人的活动,老人做礼拜的时候,切忌别人从旁经过。

西北少数民族有注重礼节和热情好客的传统。来到一个家庭,主人会请你上炕平坐,并献上盖碗茶。盖碗很讲究,雕刻有双龙、花卉等各种图案,盖碗里有清香的茶叶,而且要加冰糖,还要沸腾的牡丹花开水冲茶。冲茶用的是用黄铜或者红铜制作的精制的茶壶。茶醇甘甜,香飘四溢。主人还会用喷香的炸油香和手抓肉招待客人。按照过去的传统,主人不和客人一起饮茶用饭,而是站在地下端茶倒水,殷勤招待客人,现在在待客方式上他们有了变化。

三、回族清真寺建筑

(一)回族清真寺文化

伊斯兰教传入中国后,在长期的与中国传统文化交融的过程中形成了有中国特色的伊斯兰教文化。西北地区的回族信仰伊斯兰教,其体现在建筑上主要是清真寺文化。清真寺在阿拉伯语中称为"麦斯吉德",原意是磕头、礼拜的意思,意为"敬拜真主的宅地"。公元 610 年,伊斯兰教先知穆罕默德在麦加弘传伊斯兰教,并于公元 630 年掌握了守护克尔拜圣殿的权利,废弃了多神教,把"克尔拜"改成了全世界穆斯林一年一度朝觐的圣地。明清时期,伊斯兰教被称为清真教,举行朝拜的宅地因而也改叫清真寺。在唐宋时期,我国已出现清真寺建筑,从唐宋至元初六七百年间,清真寺建筑基本保持阿拉伯式的风格。清真寺是形成穆斯林宗教生活与社会活动的中心。

(二)回族清真寺建筑特色

中国伊斯兰教清真寺的建筑表现了伊斯兰教的教理和教义。[①] 其建筑的整体构建与佛教、道教建筑迥然不同,造型、色彩、图案、装饰给人一种沉稳庄重的美。

在布局上,伊斯兰建筑是完整的布局:

一种是以中轴线为主的传统的四合院布局,中间为大殿,其他建筑分布在大殿的两侧,形成一组完整的空间系列。

另一种是大门朝东,正西是礼拜大殿,大殿顶上有绿色的穹顶。宽敞的大殿,才适于肃静的祈祷。伊斯兰教堂在大殿顶上采用一组五个浑厚饱满的绿色圆形穹顶,色彩醒目,样式独特。殿顶一角的四个小穹顶,从四周簇拥着中间一个巨大的穹顶。各顶上均有一宝瓶或不锈钢球体。绿色圆形穹顶不仅使人感到崇高、稳重、开阔,没有威压之感,而且在色彩上崇尚绿色,众所周知伊斯兰教是公元 7 世纪在阿拉伯游牧部落中,首先产生和传播开的。朝拜麦加是每个穆斯林的心愿,在大殿内还设有永远指向麦加方向的圣龛。伊斯兰教教堂的特点是与信徒的宗教情感相和谐。回族穆斯林在念经礼拜的同时,其内心得到调整与安宁,给人特殊的宗教体验,营造了古朴肃穆的宗教氛围。

(三)著名的回族清真寺建筑

1. 同心清真寺

同心清真寺(图 5–19)建于明初位于宁夏回族自治区同心县旧城。主体建筑礼拜殿坐落于高达 7 米的砖砌台基上,配以南北经堂、门楼和邦克楼等建筑群。邦克楼高 22 米,为二重檐,四面

---

① 伊斯兰教信仰《古兰经》,《古兰经》宣告: "你们把自己的脸转向东方或西方,都不是正义,正义是信真主、信末日、信天使、信天经、信先知。"

坡式的亭式建筑,气势雄伟。下部建筑由寺门、外院、照壁、井房、浴室组成。寺门前有一座仿木结构的砖砌照壁,装饰"月藏松柏"砖雕。几乎所有的建筑上都刻有精致的阿拉伯文字画,显示了伊斯兰文化艺术与中国传统建筑融为一体的风格。

图5-19　同心清真寺

2. 兰州西关清真寺

兰州西关清真寺(图5-20)建于清康熙二十六年(1687年),雍正七年(1729年)重修。该寺布置可分三部分:外院及沐浴室、内院大殿、阿訇用房。寺的前院东面竖立着一座由琉璃制成的彩色大照壁,为中国伊斯兰教建筑最大的照壁之一。外院有月牙桥,桥下池水清澈。过了桥耸立着六角形的四层邦克楼,(邦克即召唤之意),一道别具一格的穿廊连接邦克楼门和大殿。大殿及后殿用减柱移柱的建筑做法,殿内重要地方用阿拉伯文作装饰,墙脚下有雕砖,大殿可容纳千人同时做礼拜。

图5-20　兰州西关清真寺

1983年始在原址重建,改为阿拉伯风格的圆形建筑。大殿为四层,底层为接待室、会议室,其余三层为礼拜殿,可容三千人同时礼拜,并辟有可容一百余人礼拜的妇女礼拜殿。

兰州西关清真寺现为西北回族穆斯林地区规模最宏伟的一座清真寺。

3. 乌鲁木齐市清真寺

乌鲁木齐市清真寺建于清乾隆年间,清末光绪三十二年(1906年)又捐资重建,后不断修缮。它位于乌鲁木齐天山区,为新疆地区最大的回族清真寺。

该寺院大殿高达十余米,前部为单檐歇山式,屋顶铺嵌着绿色琉璃瓦。大殿周围走廊有红圆木柱,古朴壮观,大殿后为上八下四的重檐式八角楼,即望月楼,殿内四壁和门窗均有花卉、瓜果图案的砖雕木刻,刻工精细。大殿前面是宽敞的月台广场,方砖铺地,两侧均建有厅堂,东厅是阿訇进修所,北厅是讲堂,南厅为浴室。

4. 西宁东关清真寺

西宁东关清真寺(图5-21)是西北穆斯林四大清真寺之一,始建于明朝洪武年间,公元1380年前后以朝廷"敕赐"建寺的名义创建。清代同治年间被清军所毁。1914年开始重建东关大寺,始有现在之规模。大寺主要由大殿、南北厢楼、宣礼塔、水塘、大门、重门等部分组成。

图5-21　西宁东关清真寺

全寺总面积为13000平方米,大殿面积为1300平方米,可容纳1400人礼拜,整个大寺建筑具有浓厚的中国古典建筑风格。

第四节 蒙古族文化区域的建筑特色

一、蒙古族文化大观

"蒙古"一词最早见于唐代,其最初的汉语译名为"蒙兀",是由室韦部落的一支发展而来的。蒙古族发祥于额尔古纳河流域,现主要分布在内蒙古,其余分布在辽宁、吉林、黑龙江、新疆、青海、甘肃、宁夏、河北等省区。蒙古族是生活在中国北方的古老游牧民族,生性豪放、粗犷、剽悍、好客,是中国少数民族之一。因其历史上以畜牧业为赖以生存发展的主要经济,被称为"马背上的民族"。

蒙古族历史悠久,13世纪是蒙古族最辉煌的时代。公元12世纪末,传奇人物铁木真统一蒙古诸部,1206年被推举为"大汗",尊为"成吉思汗"。随后,其孙忽必烈建立元朝(1271—1368),中国的疆域达到顶峰,文化交流也得到巨大发展。1947年5月1日,内蒙古自治区政府宣告成立,成为由中国共产党领导的第一个民族区域自治地方。

蒙古族有自己的语言文字。蒙古语属阿尔泰语系蒙古语族,有内蒙古、卫拉特、巴尔虎布利亚特三种方言。

二、蒙古族民居建筑——蒙古包

(一)蒙古包建筑地点的选择

为逐水草,便于畜牧,建造蒙古包的地点必须有所选择,具体体现在以下几个方面:

(1)选择距离水草近的地方,水是牲畜的生命线,也是人的生命线,所以要在靠近"水泡子"的地方安营扎寨。

（2）选在通风处。由于牧人的生活处在不断迁徙的过程中，蒙古包地点的选择因季节而有所不同。❶

也就是说，夏季要设在高坡通风之处，避免潮湿；冬季要选择山洼地和向阳之处，寒气不易袭人。牧人说：搭盖帐幕时要选择"靠山高低适中，正前或左右有一股清泉流淌的地方"。牧人还认为：东如开放，南像堆积，西如屏障，北像垂帘，帐幕要搭建在"前有照、后有靠"的地方。前有照，指充足的阳光和充足的草滩；后有靠，指阳坡或高地。既没有照，也没有靠，也应有抱的地方，即指河流或小溪。牧人对住所地址的选择，表现其居住方式对生态的适应。

与农业民族所居住的房屋相比，蒙古包非常适应游牧生活的特点。在蒙古高原，牧民们视当年水草和气候变化，一年当中可能迁徙两至四次不等。由于蒙古包制作工艺简单，拆除方便，易于迁徙，妇女通常几小时之内便可以完成。

（二）蒙古包建筑结构

蒙古包（图 5-22）是蒙古族居住的建筑。它由天窗、包顶以及由四片或六片栅栏墙架、毡墙和一扇门组成。木栅在蒙语中称"哈那"，是用长约两米的细木杆相互交叉，编扎而成的网片，可以伸缩，几张网片和包门连接起来形成一个圆形的墙架。用大约六十根被称作"乌尼"的撑杆和顶圈结合在一起构成了蒙古包顶部的伞形骨架。乌尼的长短和多少由蒙古包的大小而定，大型的蒙古包有的乌尼达到一百多根甚至更多。

---

❶　方志《青海记》说："夏日于大山之阴，以背日光，其左、右、前三面则平阔开朗，水道便利，择树木阴密之处而居。冬日居于大山之阳，山不宜高，高则积雪；亦不宜低，低不挡风。左右宜有两狭道，迂回而入，则深邃而温暖。水道不必巨川，巨川则易冰，沟水不常冰也。"

图 5-22　蒙古包

　　位于蒙古包顶中央的,是天窗的毡顶,一般于夜间压盖,白昼视冷热情况揭开或闭合。毡顶四周都有扣绳,可依方向而调整,风雪来时包顶不积雪,大雨冲刷包顶也不存水。毡顶用粗毛绳做边,里边用粗毛绳扎成云形图案。把长约两米的木杆插进天窗的窟窿里,与栅栏墙架组成圆壁,并与上端交叉处岔口的数量相等,然后用马鬃绳和驼毛绳串起来,同蒙古包顶的木杆形成一个整体。栅栏墙架即蒙古包的伞形骨架,是由交叉的木条组成的,外面再盖上羊毛毡。蒙古包的门一律向东开,以躲避西北风。游牧民族以日出方向为吉祥。①

(三)蒙古包建筑类别

1.固定式蒙古包

　　固定式蒙古包(图 5-23)同样是用毛毡做屋盖和屋墙,与转移式蒙古包相比,其墙基必须埋入地下,毡房周围的土地必须夯实,包内要用木栅围绕,其装潢也较讲究。

---

① 《五代史·四夷附录》说：“契丹好鬼而贵日,每月朔旦,东向而拜日,其大会聚、视国事,皆以东向为尊,四楼门屋皆东向。”《周书·突厥传》说：“可汗恒处于都斤山,牙帐东开,盖敬日之所出也。”此俗为北方游牧民族所共有。

图5-23　固定式蒙古包

2.转移式蒙古包

转移式蒙古包是纯游牧居民的毡房,其构造、形状、大小及屋内的格局与固定式蒙古包相同。其不同点主要在于其支架不必永久性地固定,包内不必用木栅围绕,装潢也比较简单。

3.简易的帐篷

为了转场途中临时居住的需要,这种蒙古包是搭设时省去栅栏墙架的更为简易的帐篷。

古代蒙古贵族居住的帐幕称为斡儿朵,又称"金殿""金帐""金撒帐"。[①]宫帐的造型与斡儿朵略有区别,它的架子是在固定的乌尼的筐状木头上插入乌尼,并竖起哈那制成的,外形像人的脖子,称为"发屋"。宫帐上面呈葫芦形,象征福禄祯祥。宫帐内的装饰极为富丽,表现出特有的民族风格。

在古代突厥的历史文献中,就有对这种装潢富丽的游牧贵族所用毡帐的记载。据希腊史学家弥南记叙,东罗马帝国的使者蔡马库斯于公元568年访问西突厥可汗时,其毡房的木柱上覆以金片,毡帐内可汗的座位安放在四个金制孔雀上面。玄奘赴印度时,也路经西突厥,并称突厥可汗"居一大帐,帐以金华装之,烂眩人目"。可见游牧民族对蒙古包的装饰是一脉相承的。

---

① 《黑鞑事略》徐霆注曰:"霆至草地时,立金帐,其制则是草地中大毡帐,上下用毡为衣,中间用柳编为窗眼透明,用千余条线曳住,阃与柱皆以金裹,故名。"

三、蒙古族王府建筑

蒙古王府大都建在清朝，一般选择山环水绕、环境优美之地，王府都规模宏大，色彩绚丽，著名的有喀喇沁王府。因此，本部分以喀喇沁王府（图 5-24）为代表，论述蒙古族王府建筑。

图 5-24　喀喇沁王府

喀喇沁右旗王府位于赤峰西约 75 公里的锡伯河庄，群山环绕，河水为带。王府前为阴山支脉（当地人称为平台子），层峦叠嶂，气势雄伟，如天然屏障。山上杂树丛生，每逢春夏之交，花开似锦，气象万千。山脚下有清澈涟漪的锡伯河缓缓地流着，游鱼可数，怪石纵横，又为王府平添了天然景色。锡伯河北岸则为一片草原，富有蒙古情调的敖包屹立于正中。敖包上交叉着很多印有喇嘛经文的红绿旗帜，迎风招展，别有风趣。离敖包约 250 米的地方，有古榆树一行（当地人称为九棵树），可能是原始林遗留下来的一部分。王府建筑是古代蒙古族劳动人民智慧的结晶。

喀喇沁王府南北长约 750 米，东西不足 500 米，为长方形，有宫殿房屋一千余间，共占地约有一千亩左右。大门三间为庑殿式建筑，前面有广阔的月台，两旁排列着兵器架，使人有一种威严的感觉。大门两旁有配房各三间，规模略小，也是磨砖对缝的砖木结构。西配房为处理旗民刑事案件的审判厅，正中设有王爷的宝座，背后画有墨色云龙的围屏。东配房为王府税务所和值班人的宿舍，当中的一间为穿堂门。

　　进大门下台阶,有长约二丈、宽五尺的砖铺甬道和二门相连接。二门内为第一进四合院,当中三间为宫门式的仪门,三门并列。仪门两侧有东西耳房和厢房各三间,都是砖木结构,筒瓦屋顶。东耳房为卫兵队长的办公室,东厢房为值宿卫兵的宿舍。西耳房和西厢房都是库房,里面放置着王爷乘用的大轿和仪仗等物。仪门内为第二进大四合院,占地约在七八十亩,正厅七间,极高大,有七级石阶,中间的一间为过厅,两旁的三间通常设有隔断。靠北墙设有木制浮雕的佛龛,内供有数以千计的大小铜佛,佛灯昏暗,香烟缭绕,经常有喇嘛在此念经。西配房三间内供有"关老爷"泥像,骑马持刀,栩栩如生,塑工精细,似出自名匠之手。西耳房三间为王府的外客厅,内悬有巨幅"王府全景图",高约二米,宽约三米左右,占据着北墙的全面。楼台亭榭,远山近树,都很逼真。运笔清丽,着色鲜艳,虽系百十年前旧物,仍极有令人浏览之处。西厢房五间为仓库,内有蒙古包的毡幕及骨架等百十副。西南角有一小门,可通到另一所院落。有北厅房三间,悬有"揖让亭"三字匾额,庭院宽敞,院墙颇高,系王爷的练武场。东配房三间为藏书处。东耳房三间,中为穿堂门,右边的一间为王府回事处,左为宿卫人员的宿舍。东厢房五间为王爷护卫的宿舍。西配房和西耳房连接的地方,有一角门,有细长砖铺甬道,直通院内。右边并列着三座垂花门,第一垂花门内有明堂五间,悬有历代王爷的画像,是王府的祠堂。第二垂花门内,有精舍三楹,构造极为精美,系王爷的读书处,牙雕玉轴,琳琅满架。听说贡桑诺尔布王在未驻京任蒙藏院总裁以前,大部分时间都要消磨在这里。第三个垂花门内,为小四合院,是王爷妻妾们的住所。左边有一月亮门,可以通第三进的大四合院。东西耳房和东西厢房连接,各有比较高大的宫门式的角门一座,可以通到东西两个大跨院。西边角门上挂着"印务处"三字红底黑字木牌(蒙汉文),内有正厅三间,系协理、管旗章京等的办公地;又有厢房五间,为笔帖式的办公室。有一间穿堂门,通到另一个跨院,有正房三间,为度支局,管理全旗的财政。西厢房三间,旁边就是王府的西门。和正房三间对着有一座垂花门,内有三楹四面带廊的花厅,东西厢房各三间,靠南面有八角亭一座。全院建筑都是玻璃门窗,画梁雕栋,色彩颇佳。庭院内有假山、上水石,除松柏外还种植丁香、桃、杏等树,规模虽小,然极尽园林之胜,为王府招待贵宾的地方,如图5-25所示。东边角门则挂有"管事处"的蒙汉文木牌,正房三间为王府总管的办公室,东厢房三间为王府的账房,旁边是东门(当地称为东大仓),账房后有瓦房十数间,为马厩及管理人员的住房及厨房。

图5-25　喀喇沁王府庭院

由西耳房的穿堂门,可以进入第三进的大四合院,此为王爷的正营。有大厅五间,前面有月台,正中的一间内设有王爷的宝座,两排列着兵器架,有弓箭、鸟枪、腰刀等古代兵器,有百宝格,陈列着历代所收藏的古玩、玉器、钟表等珍贵物品,好像一座小型博物馆,佛像、佛画很多。西耳房三间,收藏着宫缎、宫扇、蒙古刀、御笔的福寿字等各朝代的御赐品。东厢房三间内收藏着王爷狩猎用的毡幕、兵器、仪仗、旗帜等。东耳房三间为军器库,内藏有各种新式枪支弹药,封闭极严。

旁有小门,能通到第四进的大四合院。东厢房共为八间,为勾连搭屋顶,都是半洋式的玻璃门窗,为王爷的住房、卧室、书斋、客厅和饭厅,互相连接,有弹簧床和沙发等近代用具,陈设也极华美。东厢房的旁边,又有一个角门,内有南北细长砖铺甬道,靠东面并列着几座垂花门,仍然都是小四合院,为王爷妻妾的住宅。右边一个垂花门,为戏台,挂有"演艺厅"的匾额,系乾隆年代乡绅殷德的笔迹。对面是看台,两楼两底,由游廊和戏台相连接。旁有精舍三间,为半洋式玻璃门窗,为王爷看戏后的休憩之所。院内有高约数丈的松柏树,并有丁香、牡丹、芍药、樱桃、梨、杏等树,在塞外王府中,也极少见。由武器库旁的月亮门进入第四进大四合院,正厅为三间中国式楼房,构造颇精,悬有"承庆楼"三字的匾额。楼上下都供着佛像,绝少人迹。东西耳房各两间,东西厢房各三间,多用于库房及使用人的宿舍。院内有老松两株,枝干纵横覆盖全院。

东耳房旁边又有一月亮门,通到第五进大四合院。正房五间,无耳房,东西厢房各五间,虽系筒瓦房顶,在建筑结构方面,亦略有逊色。东厢房是管理人的宿舍,其他也都是仓库。西边有一角门,通到另外一个跨院,有三间瓦房,也供着关帝的泥塑像,其旁为广约五六亩的桑树园。后围墙外为王府花园,背后为山,多松柏树。花园基地约在五百亩左右,有很多楼台亭榭等建筑,因年久未修,大半颓废。花树掩映,清流蜿蜒,天然景物也颇有可观之处。花园的北边,有石窟三四,都以巨石砌成,极坚固,可能是当年豢养虎豹等野兽的场所。

第五节　藏族文化区域的建筑特色

一、藏族文化大观

"藏"为汉语称谓,自称"番"。藏族是一个有着悠久历史和灿烂文化的民族。藏族主要聚居在西藏自治区,部分散居在青海、甘肃、四川和云南等省份。藏语属于汉藏语系中的藏缅语族,藏族拥有自己的口头和书面的语言文字。根据地理位置的分布,藏语有三种主要方言。①

---

① 刘雪芹.中国民族文化双语读本·汉英对照[M].北京:中央民族大学出版社,2013.

关于藏族的族源,很多学者认为,在汉朝时期,曾是西羌的一部分。另外,由于佛教很早就传入西藏,因此也有人认为,藏族起源于印度。尽管过去对藏族族源说法不一,但都一致认为西藏不适于人类生存,因此藏族先民必定是自西藏以外的地方迁入的。但近年的考古发现表明,藏族是远古时期就生活在青藏高原的土著。630年,松赞干布统一了青藏高原上的各个部落。641年,松赞干布迎娶文成公主,与唐朝建立了密切的联系。1247年,西藏正式纳入祖国的版图,成为中国领土不可分割的一部分。1965年9月,西藏自治区正式成立。自此,西藏人民真正获得当家做主的权利。

二、藏族土木建筑

(一)藏族土木建筑的特色

不管是寺院建筑还是世俗建筑,都具有平顶、墙体很厚、窗户较小和设立经堂的特征。西藏高原位于海拔4000米左右的高寒地区,有较强烈的日光照射,早晚温差很大,年降雨量较少,其房屋特点与其生态环境一致。

牧民的民居比较注意门的设计,例如西藏日喀则地区房屋的门框较宽,门楣上方砌一塔形的装饰体,下部和院墙的墙檐相接,最上方置一白色石头,如同塔尖一般。有的门上面砌三垛墙,中间一垛较高,两边较矮,上面均有檐,各摆放着石头,似三塔状,非常严整。藏族民居的门楣下面垂有一尺多长的布帘,有的布帘上面还要一道蓝布,一道黄布,一道红布,门全部为黑色。在拉萨和日喀则地区,门上两侧和门前的地上及屋顶上常有各种图案,例如日月、蝎子、怪兽及字形被称为"臃肿"的图案,此为趋吉避邪,如图5-26所示。

图 5-26　日喀则地区藏族建筑

　　村寨及房前屋后挂满经幡。还有的地区民居的院墙为宗教的标志。例如萨迦地区的院墙呈深蓝灰色,墙檐为白色的条带,在白色条带上涂上同样宽度的土红色和深蓝灰色的条带,两者之间为白色。也有的民居用毛毡装饰门,藏族民居门楼的最高处有供奉牦牛角的习俗。[①]民居的门口和楼梯的侧面设置经桶,人们进出时拨转经桶,祈求平安。

　　檐廊虽然没有太多的装饰,但在梁、柱交接处的梁托却起到一定装饰作用,梁托不仅装饰了廊檐,而且将梁、柱这两个受力结构巧妙地结合在一起。檐板的装饰很重要,它不仅可以挡住檐廊上的梁椽,上面的图案还可以美化建筑上的天际线。矩形房屋还有一种就山依坡的建筑,[②]它们往往借助于山坡地,沿斜坡往下挖,与坑对应高出地面的部分,用石块或土坯砌屋,屋顶为圆木和苇束铺盖,有一窗一门,房屋较为低矮,光线不强,但是温暖背风。它与山坡交融,非常的和谐。

　　青海玉树的藏族民居一般是上下两层的独家小院,上层住人,下层为畜圈和堆放杂物的地方,前檐和后墙高于房顶,前檐不设漏水槽,房顶前高后低,漏水槽全在后檐墙伸出。这样的建筑

---

① 为什么要供奉牦牛角呢?在藏族人民的心目中,牦牛为神圣之物,供奉牦牛角可以消灾避邪,人畜平安。

② 据考古资料记载,早在 4000 年以前,西藏卡诺新石器时代的遗址中就有半地穴房出现。至今这种房屋的形式还有遗存。

颇有特色,如图 5-27 所示。

图 5-27　青海玉树藏族建筑

（二）四川藏族的土掌房建筑

由于自然条件不一,四川藏族民居建筑形式也因之而有所差异。这里的居民住土掌房。

建造土掌房时,先用泥土建砌成壁,然后用木板间隔成若干房间。土掌房的最下层一般是饲养牲口和堆集草料、牛粪等物。

人的起居都集中在二层,中间设有火塘。火塘上经常放着铜锅,旁边一般都有一个铜制火盆,擦得很亮,火盆边缘放置茶碗,夏天当茶几用,冬天用以烤火,人们席地围火而坐,喝茶、进餐或闲谈。

房屋的第三层则多为经堂,室中整齐清静,有贵客光临,在这里招待,表示尊敬,但一般贫苦人家,多半只有两层,很少设有经堂。屋顶用泥土铺平,秋收时在这里打晒青稞。房屋周围习惯上还筑有一道高约三米的围墙,使牲畜不能随意跑出,并防止被盗。

（三）四川九寨沟的木结构建筑

四川阿坝九寨沟县原始森林丰富,藏族民居以木结构为主体,在群山环抱的向阳坡地上,用石块砌成房屋的基础。九寨沟地区的藏式房屋采用梁柱结构撑起房架,房子的大小由柱头的多少决定,规模最小为九柱,规模大的有四十多柱,如图 5-28 所示。房屋一般做成三层。

图 5-28　四川阿坝九寨沟木结构建筑

（1）第一层为牲畜圈棚或杂物间，四周的墙壁用生土干打垒筑而成。

（2）二层前面架平台，边上设偏房，此层住人、待客。二层的客厅很宽敞，四周装设壁阁。在正面的壁阁设佛龛，摆佛像、放香炉，壁阁全部用鲜艳的彩绘布满苯教的八字真言"悟嘛之弥咆萨来德"，宝伞、胜利幢、金法轮、双鱼、宝瓶、白海螺、吉祥花、吉祥结组成的八宝吉祥图。靠近炉灶一侧的壁阁，在割成大小不同的方框里，一般摆放饮食用具和酒，对面则存放经板等。藏民的客厅一般在正面和侧面的屋角处摆长条凳子，上面铺毡垫，在客厅中部放置炉灶。炉灶的烟囱通过方形的天窗，穿过三层排到屋外。

（3）三层堆放草料和杂物。二、三层为木结构，木板房壁，木制门窗，木制地板。房顶用长约一米多的杉木片盖顶，本地藏民称为"榻板"或"榻子"，榻板有两种形式，一种薄厚均匀的榻板称为汉式榻，另一种一边厚一边薄的榻板称为藏式板。在铺设房顶时，汉式榻一片一片地平铺，在两片榻片的缝隙上面再盖一片，藏式榻则一片一片地搭接。用榻刀劈砍加工的榻板，保留了原有的木纹沟，雨水很容易顺纹沟流出，倾斜的屋顶排放雨水也很通畅，所以榻板经常保持干燥的状态。由于榻板上面风吹雨打日晒，下面炊烟长时间的熏烤，过两年就要把榻板翻转铺盖。为了防止顺房檐淌下的雨水冲刷土墙，在房檐两边都安装通长的木水槽，在水槽口下放置几个大木桶，用来储备雨水，可隔雨防潮，经久耐用。

藏式建筑给人一种高原人的气魄，一种崇高感。原来藏式山寨多位于四面环山的山坡上，放眼瞭望，山坡上布满错落有致的藏式民居，红、黄、绿色的经幡点缀其中，肃穆的白塔分外醒目。在住宅旁家家户户都在居所旁设置一个白色的塔状炉台，这是藏民举行"煨桑"的地方。清晨，藏民燃烧松柏枝和野蒿，用烟雾净化污秽，祭祀山神，这种古老的藏俗，可以追溯到遥远的年代。

三、藏族帐篷建筑

从事高原畜牧业生产的藏族牧人住牛毛帐篷。青藏高原上的诺尔盖、阿坝、壤塘、理塘等县的高原牧民与戈壁草原、盆地草原的牧人虽同居帐房，但是又有较大的区别。高山草场的牧民世世代代居住的是牛毛帐篷（图5-29）。牧人用牛毛纺线，织成粗氆氇，呈长方形，牛毛帐厚2～3毫米，在复杂多变的高原气候下，经狂暴的风雪而不裂。

图5-29 藏族牛毛帐篷

牛毛帐房的形状与蒙古包不同，具体体现在以下几个方面。

（1）牛毛帐房形若屋脊，呈坡面形，搭盖帐篷需用两根高约2米高的木桩，固定帐房是把20条牛毛绳一头拴在帐幕上，一头拴在木桩上，拉绳分上下两周，上周各绳拉开帐顶，绳子中部撑以小柱，使帐顶向上鼓胀，下周的绳子拉开帐篷下边，使帐篷内保留应有的空间，帐顶的顺脊处开有一长方形天窗，天窗外有一护幕，帐篷的一方设门，门上也有护幕。

（2）藏族牛毛帐房其天窗和门用氆氇，白天翻开，夜晚遮盖，帐外用片石、草垫或者牛粪饼砌成墙垣，一般高半米，以防冷风侵入。[①]

（3）藏族牛毛帐房除六角形外，藏族地区的帐篷还有翻斗式、马脊式、平顶式、尖顶式等，与北方草原蒙古包相比较，牛毛帐房呈六角形者居多，而蒙古包呈圆锥形。

（4）牛毛帐为黑色，而蒙古包为白色。

（5）黑帐长4～7米，空间比蒙古包稍大。游牧地区有牛皮帐篷，藏族历史上还有豹皮帐篷，造价比较高。藏北牧区和青海牧区还有棉布缝制的白帐篷。这样的帐篷与其说是民居，不如说是艺术品，白色帐篷的边沿全部用蓝色的布条压住，在白色的底色下，用蓝色拼贴成鲜丽的花朵，异彩的流云等图案，在绿毯般的草原的背景下，鲜明的蓝白两色与天空的蓝天白云相映衬，构成了一幅幅色彩斑斓的图画。在草原召开盛会的时候，大的帐篷可以容纳几十人，小的仅容纳一人，在这样的帐篷里人们尽情享受着草原的乐趣。

藏族帐幕内设长方形灶，燃烧风干的牛粪，灶的周围铺羊皮，以便坐卧。帐篷的北角为男人居住的地方，也是待客的地方。平时按辈分就座。帐篷的南角为妇女制作奶制品的地方，外围堆放器物、燃料等。藏族民居的主室内设炉灶或火塘。由于地域不同，所设的位置也不同。

阿坝地区的火塘设在主室当中，中间架起"锅庄"，即圆形铁或铜三足架两个，放置饭锅或茶锅，一般围绕火塘坐卧。室内比较宽敞。在内分间墙上设有壁架、壁龛等。甘孜地区住宅的主室一般在室内的东墙或西墙的北端安放炉灶，在灶侧或北面的分间墙上设置壁架，在灶前面东墙或西墙同南墙边上放置床铺，在另一分间墙上设置壁柜。帐房的中间，用土、石垒成长带形锅台，好像一堵矮墙，隔开了主、宾的地位。进了帐房门，左边是主人的地方，右边是客人的地方。主、客有别，不能胡乱就座。客人座位的

---

① 《西藏新志》说："业游牧者，天幕为家……或以牦牛毛织成鱼网形，为黑天幕。所称天幕者，六角形，谓之黑帐房云。"

最首位,就是供奉佛爷的地方。在藏族的家具中,酥油茶桶占有重要的位置,藏语叫"董姆"。藏族的酥油桶大小不一,为木制的圆筒和长柄及有孔的木塞组成,桶的上口、中腰和底沿有铜箍或者铁箍,柄端有铜或者铁的握手,讲究的铜饰件上要有花纹。桶外一侧至桶底缀一皮带,以便打酥油茶时脚踩固定和便于提携。制茶时将熬好的茶倾入桶内,加盐和酥油,用木塞上下搅动,就制作出了香喷喷的酥油茶,藏族习惯用酥油茶待客。

四、藏族碉房建筑

在西藏、青海、四川等藏族居住地区,常常会看到高高耸立的碉房。在四川阿坝藏族羌族自治州境内,自岷江以西,多碉楼建筑,而且愈往西碉楼建筑愈多,到甘孜藏族自治州境内的丹巴,更是碉楼成群。远远望去,碉楼像一座座坚固的堡垒,又像一个个顶天立地的巨人,如图5-30所示。①

图5-30　藏族碉房建筑

(一)碉房的类别

碉房按照其所用主要材料来划分,可以分为两大类:(1)用

---

① 著名藏学家任乃强先生20世纪20年代末在康区考察时,曾对康区的"高碉"作了这样记述:"夷家皆住高碉,称为夷寨子,用乱石垒砌,酷似砖墙,其高约五六丈以上,与西洋之洋楼无异。尤为精美者,为丹巴各夷家,常四五十家聚修一处,如井壁、中龙、梭坡大寨等处,其崔巍壮丽,与瑞士山城相似。""番俗无城而多碉,最坚固之碉为六棱……凡矗立建筑物,棱愈多则愈难倒塌,八角碉虽乱石所砌,其寿命长达千年之久,西番建筑物之极品,当数此物。"

石块垒砌的石碉；（2）用黏土夯筑而成的土碉。其石木结构，墙体多用石块，一层方石叠压一层碎石，其间以泥合缝，也有板筑土墙者，也有用砖做成的。墙厚约1米～1.5米，以木做柱，以柱计算间数，通常为两层，也有三四层的，最上层为佛堂，底层饲养牲畜，人居二层、三层。以地为基，朝天平顶，可用来晒场打粮，亦适于设坛祭天。总之，三层平顶式的楼房，代表了藏族视人与天地统一的观念。[①]

（二）碉房的结构及形式

碉房的结构大致可以分为三种——墙体承重、柱网承重、墙柱混合承重，在建筑结构上，梁和柱不直接相连，柱头上平搁"短斗"，"短斗"上搁"长斗"，"长斗"上搁大梁，两大梁的一端在"长斗"上自然相接，梁上铺设檩条，檩条上再铺木棍，然后捶筑阿嘎土做成楼面或屋面。《旧唐书·吐蕃传》早就有"屋皆平顶"的记载。一般在屋顶四周的墙上还要砌上"女儿墙"，屋内有房梁，房柱均饰以彩绘，屋顶平台做晒场，大的院落四周均有房间，有走廊相连，中间有天井。

碉房有不同的形式——有的完全为平顶，除正面有小窗外，俨然是一个堡垒，也有的碉房呈曲尺形，上高下低，为平顶。[②]在甘孜、阿坝广大地区，无论是石碉的砌筑技术或是土碉的夯筑技术，由于经历了漫长历史的经验积累，堪称精湛、高超。而且在建造"高碉"中，不断创新，力求在高度上和外观上尽可能地使其富有美感，显出雄伟、壮观的气势。

碉房下边有四道水网相连，一年四季都有清水流淌。据记载，

---

① 《西藏新志》云："自四川省打箭炉至拉萨沿道，屋壁皆以石砌之，屋顶扁平，覆以土石，名曰'碉房'。"
② 据《西藏王统世系明鉴》《贤者喜宴》等藏文史书记载，藏族第一座碉堡式的宫殿为西藏山南雅隆部落的第一代赞普聂赤赞普所建，名为"雍布拉康"，意为母子神宫，至今仍存的这座宫殿非常巍峨。

关掉上游的涵门,水网就变成了地道,供战时隐蔽和联络之用。每家碉房一般都是四层。底层是牲畜圈,养猪牛等牲畜;二层是"火笼",堂屋;三层是卧室;四层是储藏室;房顶上是小照楼。各层之间以简单的木梯相连。

一般从碉门进去便是堂屋(第二层),会客、吃饭等都在这一层。堂屋的地板上有一块活动木板,称为"揭板"。揭板旁一般都有一根房柱,柱上靠有一根独木梯。下面直通底层牲畜圈。这揭板安放的地方只有这家人才知道(常用柜子遮住)。一旦发生战事或意外变故,家中人便可迅速打开揭板,顺独木梯滑下,便于逃避或隐蔽。堂屋中柱上,以前人们要挂一个野生盘羊头,或动物皮毛,以祈求中梁神保佑碉房平安稳固。

(三)碉房的特征诠释

碉房与一般房屋相比,有三个特点:

(1)碉房非常高大,一般的碉房都在 20 米以上,最高的达 50 米左右,犹如立地金刚。在外观造型上亦有多样,除四角碉外,还有三角、五角、六角、八角、十二角,甚至十三角碉房。

(2)碉房异常坚固,似一坚不可摧的堡垒,平时为住屋,战时即为碉堡,抗震性能好。汉代的羌碉已经有两千年历史,唐时期的羌碉有一千年历史,至今依然矗立在苍茫风雨之中。

(3)容积较大。据史料记载,碉房可容千人和千头牲畜。碉房虽然高大,但是并不敞亮,窗户较小,可以御寒。虽光线较暗,但战时可起到瞭望的作用。

(四)碉房的美丽传说

很久很久以前,在黑水芦花地区,芦花藏族的祖先中有两个大英雄,是两兄弟。其中哥哥叫柯基,弟弟叫格波。那时,天下混乱,妖魔猖獗不能治。为了镇妖魔,柯基兄弟俩便一人建造了一座碉房,叫作"龙"。由于修得仓促,碉房修倾斜了,倾斜叫作

"垮"。故兄弟俩修的碉叫"龙垮"。所谓修"龙"为镇妖魔,"妖魔"实指敌兵。为镇"妖魔"而修"龙",传说证明了碉房起源的久远。[①]

第六节　维吾尔族文化区域的建筑特色

一、维吾尔族文化大观

"维吾尔"具有"联合""同盟"和"凝结"的意思,主要分布在新疆维吾尔自治区,其中尤以喀什、和田和阿克苏地区最为集中。另外,在湖南、河南和北京等省市也有部分维吾尔族聚居。

维吾尔族主要的来源有两支:一支是来自蒙古草原的同纥人,另一支是南疆绿洲上的土著居民。维吾尔族主要是一个农业民族,有经营农业的悠久传统,根据新疆的地理环境,发展了绿洲灌溉型农业。维吾尔族的先民开垦了绿洲,修渠引水,并发明了"坎儿井"这一独特的地下引水系统。小麦是维吾尔族农家普遍种植的农业作物。新疆的自然条件利于种植棉花,维吾尔族先民在 1000 多年前就开始植棉,其中长绒棉质地优良,最为有名。种植瓜果是维吾尔族的特长,主要有葡萄、哈密瓜、西瓜、香梨、石榴、樱桃、无花果等。

维吾尔族有自己的语言,文字系以阿拉伯字母为基础的拼音文字。新中国成立后,推广使用以拉丁字母为基础的新文字,现两种文字并用。

[①]　《北史诗·附国》曰:"附国近川谷,傍山险,俗好复仇,故垒为巢,以备其患。其巢高至十余丈,下至五六丈,每级以木隔之,基方四步,巢上方二三步。状似浮图。"这里记载的就是碉房。公元 7 世纪吐蕃王朝兴起,扩展其统治势力至高原东部,许多羌族部族亦被融合,高碉随之以四川甘孜、阿坝为主的广大藏区发展,逐渐成为藏、羌文化的共同结晶。

二、维吾尔族民居建筑

（一）"阿克赛乃"

"阿克赛乃"是新疆地区维吾尔族广泛采用的、部分屋顶敞开的建筑。这种民居的结构是在较小的庭院的四周房屋上，沿内侧周边延伸屋盖，与外廊建筑有机地组合在一起，形成较封闭而又露天的场所，在阿克赛乃内生活劳作，比庭院和外廊更为亲切和安静，是一种巧妙地将室内、室外融为一体的别致的建筑形式。

（二）"阿以旺"

"阿以旺"（图 5-31）维吾尔语意为"明亮的处所"，是维吾尔民居享有盛名的建筑形式。从结构形式上看，它是在阿克赛乃原敞开的露天部分上面，加侧面天窗及屋盖围护构成，这样就形成一个高大宽敞、明亮通畅的大客厅。与阿克赛乃相比较，既具备了遮风雨避阳光功能，又不失采光通风的要求，与现代居室的大客厅颇为相似。阿以旺宽阔的空间，是接待客人、喜庆聚会、举行小型歌舞活动的地方。

图 5-31 "阿以旺"

（三）维吾尔族土木楼房

维吾尔族的土木楼房（图 5-32）分为两层，底层可以为半地下室,也有的建在地面,均为土拱结构。土墙用土坯砌筑,70厘米厚,少数可达1米。下层一般5~7米开间,等跨并列,但也可垂直分布,其结构形式与尺寸都很随意。为了适应二层房屋前檐设廊子,甚至前后檐设廊的需要,底层的进深很大,一般在8~16米。半地下室一般向前院开高窗,室内串开套门,整个地下室或半地下室,多数只开一门对外。二层楼为土木混合结构,前檐设木柱廊子,并设置60~90厘米的木栏杆。廊内做木板地面,前廊放木床供夜宿使用。后廊是房间与后院、花园的过渡空间,也是风干晾制过冬瓜果的地方。

图5-32　维吾尔族土木楼房

半地下室的二层楼房是吐鲁番民居典型的传统形式。这种建筑单元包括前室、客房、餐室、冬卧室。前室是一个小开间,开双扇门,人们在此更衣、换鞋,也是整个单元的连通地,经过它出入客房和冬卧室,又沟通前后院落。前室具备夏季隔热,冬天防寒,隔离大风的作用,室内装修简朴,仅作白色粉饰。客房是建筑中面积最大的房间,室内装饰精细,陈设布置讲究,作为日常与节假日招待客人的地方。通过前室进入房间,房间一般设在左侧,横向布置,两开间或三开间,房间开两面或三面侧窗,樘窗的外层是双扇外开的木板窗。早晚开启,换气通风,中午关闭,防止热空气进入房间。窗台低矮,45厘米~60厘米高,窗洞做成喇叭状,以提高采光能力。这样的构造型式是适应吐鲁番"赤日炎炎似火烧"的特点而产生的。

（四）维吾尔族民居建筑特色

1. 注重天棚和门窗装饰

（1）注重天棚的装饰

维吾尔族民居具有鲜明的民族特色和悠久的民族传统。木结构屋顶的传统形式是顶棚为檩木，上面密铺椽子。另一种方式称为木板拼花式天棚，即在椽条上面钉木板，再以小木条压缝拼花，组成条状或其他几何形状。还有称为"满天彩"的彩画天棚，花纹图案丰富多彩。

（2）注重门窗的装饰

维吾尔民居中的门窗制作精致，既为房屋添彩又与整体结构协调统一。门框的装饰十分讲究，往往采用刨线、镶边、刻花和贴花等工艺，既为房屋增添了色彩又与整体结构协调统一，如图5-33 所示。

图 5-33　维吾尔族门窗的装饰

2. 独特的"拱拜子"和精巧的外廊

"拱拜子"即维吾尔族建筑与装饰中大量使用的尖拱。在维吾尔族居住的走廊拱券、壁龛、壁炉、门框套、外廊柱头、托梁等处都普遍使用这种造型，石膏饰件和图案轮廓也处处采用尖拱。从结构力学原理出发，城楼的门洞，桥梁的拱洞，窑洞的门窗，都需要做成拱。信仰伊斯兰教的维吾尔族使用尖拱，不仅是形式上的需求,而且具有更深刻的宗教文化内涵。①

　　在典型维吾尔民居中,外廊不仅是整个建筑重要的组成部分,而且是维吾尔民居装饰中最华美的部位。造型优美的外廊不仅尽显维吾尔的民族风情,而且包含丰富的文化内涵。它与欧美建筑及汉族建筑中的走廊不同,外廊进深2～4米,而且设有"束盖"(地炕),除严寒冬季及风沙天气之外,是一家人户外活动的主要场所。在外廊的炕上设有龛式炉,做饭用餐就在炕上。外廊在夏季可以乘凉,冬季又是晒太阳的好地方。

　　木柱是外廊的主要组成部件,是由柱身、柱头和柱脚组成,三者和谐又富于变化,构成了一个完美的整体。

　　外廊的檐部也很讲究。檐头从结构上,可分成明挑檐和暗挑檐。明挑檐在外廊的建筑中,常应用于正门入口处。用木板将木檐封闭起来,称为暗挑檐。外墙式建筑的廊檐,集中表现维吾尔民居的特色,它分为平直式檐及拱券式檐,前者的檐部为木檐明挑式和封板暗挑式,后者则在平挑檐下面装饰拱券。拱券形式可为半圆拱、垂花拱、尖拱、复式拱和深拱,在拱肩中既可镂空也可填充各式花板,有时在拱和木柱上部钉木板条或苇箔,涂抹石膏,雕石膏花纹或制作彩画。外廊不仅建于平房内,在两层建筑中也兴建双层的外廊。

---

①　在伊斯兰起源地,将拱门造型的场所用作阿訇颂经宣礼处,将"米合拉甫"作为祈祷神圣的象征。这个造型得到宗教的认定并程式化后,成为宗教建筑的符号。信仰伊斯兰教的各族人民很自然地将其移植到民居建筑中,并形成了一种固定的民族建筑风格。

第七节 其他少数民族文化区域的建筑特色

一、白族民居建筑

（一）白族民居建筑特征与选址

白族民居（图5-34）具有浓厚的文化积淀，多采用"三坊一照壁""四合五天井"的格式，还有两院相连的"六合同春"、楼上楼下全由走廊贯通的"走马转阁楼"等。白族民居在院落布局、建筑结构等方面受中原汉族民居建筑的影响，但由于自然环境、审美情趣上的差异，其民居斗拱重叠、雕梁画栋，富有鲜明的民族风格和地方特色。

图5-34 白族民居建筑

白族民族建筑的选址多为依山傍水的缓坡地带，使用当地盛产的鹅卵石来砌墙，因此有"大理有三宝，石头砌墙墙不倒"的说法。缓缓流淌的溪水被引入村寨，街边巷侧都有石渠清泉，配以盛开的花木，形成"家家泉水、户户花木"的美景。由于这里常年的风向是西风或西南风，风力及频率都很大，所以民居院落绝大多数坐西向东，正房向东主要考虑背风。民居院落为封闭式。

（二）白族民居建筑的传统布局——"三坊一照壁"

白族民居建筑的传统布局是"三坊一照壁"。庭院内种植各种花木。正房高于两边的厢房。照壁又称"风水壁"，分为独脚照壁及三叠水照壁两种：

（1）独脚照壁的壁面不分段，过去只有仕宦人家方能采用。

（2）三叠水照壁将壁面分为三段，两端较窄，中段较宽，形似牌坊。

照壁的绘饰在民居中处于最重要、最突出的中心地位。整座照壁以白色为基色，壁檐下方和壁的左右两边多用深色薄砖框成矩形、圆形或扇形的画框。照壁正中，或镶上一块圆形的彩花或黑白花大理石，或写上个斗大的"福"字。照壁前砌有花台，以花卉盆景装饰，为庭院增辉添彩。

（三）白族民居建筑的传统布局——"四合五天井"

"四合五天井"房屋由四坊组成一个四合院，除居中的大院外，四角各有一个小院。两个房子相交有一个漏角天井，共四个，连同五个院子，称"四合五天井"。各坊房屋多为三间两层，正房较高。漏角天井中都有两层耳房，厨房设在某一耳房内。

（四）白族民居建筑的装饰

白族民居建筑的装饰性强，木雕、泥塑、石刻、彩绘、大理石拼镶装饰着大门门头、照壁、墙面、门窗、梁柱及地坪等部位。木雕多用于建筑的格子门、吊柱、门头等部位。白族工匠擅长做玲珑剔透的三至五层"透漏雕"。山墙一般都有腰带厦，厦以上全部山尖，用黑白彩画装饰，或用浮雕式泥塑大山花装饰，表现出清新雅致的情趣。

二、哈尼族民居建筑

（一）哈尼族民居建筑综述

哈尼族村址的选择颇为讲究，要求该处必须有茂密的森林、充足的水源。村寨依山而建，背后是山林，山环水绕，梯田密布。民居有茅草房、蘑菇房、封火楼、土掌房、干栏房等形式。瓦房顶均为悬山式，草房顶有两面坡和四面坡两种。受自然地理环境的影响，哈尼族建筑为北土掌、南干栏。各地哈尼族住房类型虽有不同，但都体现出男女有别的特点。住间的床位分男床和女床，男子的床位必须在中轴线一侧，女床则可压中轴线。父亲去世，长子要睡父亲的床位，表现出其男性继嗣的原则。正房堂屋的饭桌只准男人就餐，女性只能在耳房内用饭。

（二）蘑菇房

蘑菇房（图5-35）是哈尼族传统建筑，形如蘑菇。云南红河、元阳、绿春等地多为土墙草顶，以木构架承重。房顶为四个斜坡面，上铺茅草，也有用瓦覆盖。楼房分上中下三层，下层关牲畜，中层住人，上层堆放杂物。如果是两层楼房，二楼一般不住人，用于贮藏粮食、杂物。

图 5-35　哈尼族蘑菇房

（三）土掌房

红河及墨江的哈尼族平顶土掌房（图 5-36）较为普遍，较多地保存着大家族的生活特点。建房前需要选择吉日进行占卜。破土动工时也要选择一个天气晴朗的吉日良辰，亲戚朋友都过来帮忙。房屋用优质木料做支柱，舂土或以土坯为墙，顶部铺以黏土，厚 0.3 米左右。房屋分成三间，中间堂屋供奉祖先，右边大屋供家长居住，晚辈住在左边的小房间里。

图 5-36　哈尼族土掌房

三、布依族民居建筑

布依族是中国西南地区的一个古老民族，多居住在绿树成荫、气候温和的地方。布依族民居因其所居地区不同而样式各异，从形式看有石板房、茅草房、夯土房、吊脚楼；从材料看，有木结构、木石结构、土木结构和石头结构；从居住环境看，有水边居、山地居、屯堡居、崖洞居。布依族喜聚族而居，很少和其他民族同寨。大的村寨有上百户，小的也有十来户，很少见单家独户。

布依族一般利用木材和石头建房子，房顶上盖茅草或稻草，但大多数都用石板盖屋。贵州流行的"八大怪"之一就是布依族的"石头当瓦盖"。这种独特的建筑形式一般"以木为架，石头为墙，石片为瓦"，特点是冬暖夏凉，隔热驱湿，不怕火灾。布依族房前屋后不能无向山和靠山。房子的正屋一般是一开三间，中间是堂屋，两边是卧房，按左大右小排序，左边住老人，右边住年轻人。

右边床前不远处一般设有火塘,用于冬天取暖、烧茶、聊天、家庭议事。布依族不在正屋的火塘煮饭、炒菜,厨房设在靠正屋旁的偏屋内,在正屋的墙上打一个四方形洞口,用于传递酒饭、碗筷,极为方便。堂屋是布依族敬奉祖先的地方。

贵州镇宁、安顺等布依族聚居地区,根据当地丰富的石灰岩、白云质灰岩资源,因地制宜,就地取材,用石料修造出一幢幢颇具民族特色的石板房(图 5-37)。

图 5-37　布依族石板房建筑

四、达斡尔族民居建筑

达斡尔族生活在黑龙江和嫩江流域,有着悠久的定居历史,他们的村落多选择在依山傍水、视野开阔、向阳背风、地势较高的岗坡或山脚下。多同姓聚族而居,村庄规划整齐。庭院为方形或长方形,家家院墙都围着红柳条编织的带有花纹的篱笆。一般有前后院之分,前院有畜厩、柴垛、牛粪堆、羊草垛等,后院为菜园。马棚和牛舍离院较远。

达斡尔族民居建筑(图 5-38)一般坐北朝南而建,分三开间和五开间。庭院两侧为厢房、仓库或碾坊。房屋为土木结构,用松木、柞木或桦木做屋架。木料不备齐、不干透,他们决不草率施工。房内空间宽敞,多开有西窗,采光充足。房中建有东、南、北相连的大炕,俗称"蔓子炕"。

图 5-38　达斡尔族民居建筑

　　达斡尔族也有以西为尊的传统，祖神、娘娘神都供奉在西屋，家中接待贵客也安排在西炕住宿。三间房、五间房都以中间为厨房，东西两侧各有两个单间。

五、鄂温克族民居建筑

　　鄂温克族民居建筑号称"撮罗子"，或"仙人柱""斜仁柱"（图5-39）。仙人柱的搭盖方法是：首先支起两根主杆，接着把六根一头带杈的木杆搭在主杆上，相互"咬合"成约 30° 的圆锥体，并在顶端套一个柳条圈，然后围绕柳条圈的周边再搭上二十几根木杆，仙人柱的骨架就搭好了。有的也将这些木杆插入土中，以便牢固。仙人柱的覆盖物有桦树皮、狍皮、芦苇帘、草帘子、布围子、棉布围子、帆布围子甚至塑料等多种。冬季经常用经过鞣制的狍皮围子，春、夏、秋经常使用桦树皮围子。在大、小兴安岭的北部，以养鹿为生的鄂温克族还居住在用防雨布搭盖的帐篷里，这种帐篷正是从仙人柱转化而来的。鄂伦春族在过去也住这种仙人柱。

图 5-39　"仙人柱"

在搭建仙人柱的骨架时就留有一门,上面挂有门帘子,其外形与蒙古包极为相似。仙人柱为圆锥形,蒙古包上面的部分也呈圆锥形,但下面为圆柱体。

虽然仙人柱和蒙古包都是用木制骨架构成的。但是不同的是,仙人柱的骨架是互相交叉在一起的,而蒙古包的骨架上面为伞骨状,下面为交叉的网状。仙人柱和蒙古包上面均有遮盖物,但仙人柱的遮盖物可以是树皮、兽皮,而蒙古包则是羊毛毡。

六、满族民居建筑

满族民居建筑中最有特色的是"口袋房"。口袋房屋门开在东侧,一进门的房间是灶屋,西侧居室则是两间或三间相连。卧室分为一楹、二楹、三楹。西间称为上屋,中间称为堂屋,东间称为东下屋。堂屋又称灶屋。有的灶屋东、西墙都开门,又称为"对面屋"。宅舍无论三楹、五楹,都是东面开门,形如口袋,故称为"口袋房"。又因为形似斗状,又称为"斗室"。口袋房有着较固定的布局。堂屋设灶,为做饭的场所,以隔壁隔断西上屋和东下屋,设门出入两个房间,称堂屋为"外",两旁为"内"。

生活在北方寒冷区域的满族,为适应北方地区的严寒气候,抵御冬季风雪,同时实现采光充足、便于通风,满族民居南北面均设置窗户,南面的窗户较宽大,北面的窗户较狭窄,既通风又保暖。窗户上、下开合,上扇窗户为结实的木条制作。木条上刻有云字纹等满族人喜爱的传统花纹。窗户纸糊在窗外,不仅可以加大窗户纸的采光面积,抵御大风雪的冲击,还可以避免因窗户纸的一热一冷造成的脱落。窗户纸用盐水、酥油浸泡,经久耐用,不会因风吹日晒而很快损坏。窗户在下面固定,可以向外翻转,避免大风吹坏窗户。满族的房门为双层门,分内门和风门。内门在里,为木板制作的双扇门,门上有木头制作的插销。风门为单扇,门上部为雕刻成方块的花格子,外面糊纸,下部为木板。

七、傣族民居建筑

(一)傣族竹楼建筑

傣族主要居住地为云南西双版纳和瑞丽市,其民居传统形式为竹楼。傣族村寨一般修建在丘陵地带或水田附近,多傍山而建。每个村寨一般有 30 ～ 50 户,多则上百户。村寨由民居和佛寺组成,佛寺的位置选择在村寨主要入口处,四周平坦开阔,地势高而显要,风景优美。高大的寺塔建筑,居高临下地俯视着村寨片片竹楼,显示了佛教在傣族人民心中的崇高地位。整个傣族村寨绿树成荫,果木成林,融于一片郁郁葱葱之中。尤其醒目的是高耸入云的椰子树与槟榔树,是傣族村寨特有的景色。分布在村寨中的院落,四周种植果木篱笆,中心位置是竹楼。院内竹林果木枝叶繁茂,环境幽静,呈现给人们一个优雅的花园别墅,如图 5-40 所示。

图 5-40　傣族竹楼

竹楼就像空中楼阁,一般只有一层,整个房子被一根根木桩高高地撑起。傣家竹楼下面的木桩一般有五十多根,木桩之间的空地是堆放杂物的仓库,有的人家还用来养猪圈牛。竹楼一般由堂屋、卧室、前廊、晒台、楼梯及楼下的架空层组成。通过楼梯可以达到楼上的前廊,四周没有遮拦的前廊明亮通风。在外檐边上有靠椅,在楼面上铺设席子。重檐屋顶可以遮阳避雨,前廊是进餐、休息、待客及家务劳动的场所。

竹楼在楼上都建凉台,面积一般在 15 ~ 20 平方米,有的装矮栏,有的不装栏杆。是平时洗漱、晒衣服以及晾晒农作物的地方,储存水的陶土罐平时也放在凉台的外檐上。架空层即底层,这里的数十根木柱支撑着整栋楼房的重量,支柱裸露在外不围栏。过去当畜棚,现在一般堆放杂物。

竹楼的建筑材料过去主要是竹,现在屋架、柱、梁等构件已经改成木材。用屋架、柱、梁等构件组成承重构架,屋架跨度一般为 5 ~ 6 米,两侧再搭接半屋架。主辅屋架的坡度不一样,主屋架的坡度约为 45° ~ 50°,辅屋架的坡度约为 35° ~ 45°,使屋架形成了折面的形状。坡屋面下另有一圈檐柱支撑,此柱与上檐柱之间用横枋连接,枋上立有向外倾斜的小柱,既是上檐的挑檐柱,支撑着探出很多的上檐,同时也是外墙的骨架,使外墙向外倾斜,加大房屋的空间。全部木构架用榫子结构,做工粗糙,榫孔间隙较大,出现歪斜时,采用木楔固定。屋面用的材料,以前多为草苫,现多改用一端带钩的小平瓦,将其挂在竹片上,平瓦错缝,平铺叠放两层,避免漏雨。竹楼板是将圆竹筒纵向剖开展平,断缝的纤维保持连接,平铺在楼楞上,并用竹篾捆扎,走在竹制的楼板上,富有弹性。竹墙常利用竹子正反两面不同的质感与色泽,编织出花纹。现在的竹楼建材多数使用木材,材质虽然变化,然而竹楼的结构形式,构筑方法,以及浓郁的民族风格没有太大的改变。

(二)不同地域的傣族竹楼特色

傣族竹楼在不同区域,有很大的差异。生活在德宏傣族景颇族自治州瑞丽市的傣族一般称为水傣,与居住在西双版纳等地区的傣族同胞有一样的宗教信仰和生活习惯,但是他们的竹楼却不一样,图 5-41 为西双版纳傣族竹楼。瑞丽傣族的竹楼是由干栏与平房两部分组成的。干栏为住房,平房为厨房。干栏为长方形,因而屋脊也较长,干栏的楼下架空层用竹篱围栏,而且没有披檐屋面,堂屋外形也为歇山屋顶,堂屋外设前廊及凉台,但是在堂屋外墙开窗户,有的还是落地窗。

图 5-41　西双版纳傣族竹楼

竹楼外观朴实无华,布局灵活多变,独特的建筑空间形式极富地方特色。竹楼的歇山屋顶坡陡脊短,山尖正好起采光、通风、散烟的作用。外墙向外倾斜,支撑着很深的出檐。竹楼下部的坡屋面起着遮阳伞的作用,抵御烈日的照射。[①] 干栏式竹楼深受傣族人民的喜爱,延续数百年而无大的变化,主要的原因是竹楼舒适美观,实用牢固,又十分适合当地的气候与资源条件。傣族居住地区的气候炎热,潮湿多雨,架空居所,才能创造出干燥的居住环境。

傣族屋里的家具多为竹制,桌、椅、床、箱、笼、筐都是用竹子制成的。因有蚊虫,家家都备有蚊帐。农具和锅刀为铁器,陶制的器具也较为普遍,水盂、水缸的形式都具有地方色彩。

八、彝族民居建筑

彝族民居建筑体现为"一颗印",如图 5-42 所示。"一颗印"民居由正房与厢房组成,房屋的外观为土墙和瓦顶,平面布置方正如印。按房屋的大小规模有"三间两耳","三间四耳","五间四耳"等形式。"三间两耳"较为普遍。正房三间两层,房顶高出厢房半截,双坡硬山式结构。两边的厢房叫耳房,厢房屋顶为不

---

① 傣族竹楼独特的造型及结构形式,有许多民间传说,其中一个说法:最早的统治者帕雅寻巴底建官殿时,万物都来帮忙,龙、狗、猴等帮他做楼梯、立柱子、做穿梁,终于盖成了竹楼的形式。所以至今还有"龙梯""狗柱"的称呼。

对称的硬山式,长坡面向院内,短坡朝向墙外。正房与垂直方位的厢房相接。屋面与房檐高矮不同,厢房屋面的上边恰好插入正房的上下层屋面的中间,包含了正房一层的屋檐,厢房的一层屋檐又插入正房下层的屋面之中。两者犬牙交错,结构严谨规整。正房的正面有层廊,正房与厢房连接的两个拐角处,各设置单跑梯一座,向上八九步达到厢房,向上十二三步达到正房,楼梯的踏脚板延伸至门外,这也是"一颗印"民居的特点。

图 5-42　彝族"一颗印"建筑

"一颗印"民居正房底层的明间,是吃饭待客的地方。次间饲养家畜,堆放柴草。上层的明间储藏粮食,次间为卧室。厢房的底层为厨房,楼房为卧室。由"一颗印"为主体构成的封闭院落,呈狭窄的长方形院子,房屋的距离不过 3 米~4 米,屋檐的距离就更小了。院落仅有大门一樘,人畜共用,民众对这样的居所很满足,认为它"关得住,锁得牢"。"一颗印"民居的装饰明显受到汉族建筑的影响。大门是整栋宅院的重点,与汉族的门楼一样,用砖瓦封檐口,脊部使用瓦重叠起翘,屋脊端部同样采用这种起翘的方式。

九、哈尼族民居建筑

哈尼族主要生活在云南西双版纳地区,同一家族的成员共同住在一组房子内,叫"住房群"。他们把住房统称为"拥",又分成"拥戈"和"拥雅"两种。

（一）"拥戈"

哈尼族"拥戈"是一楼一底的干栏式建筑，以竹、木为材料建成。屋脊两端各安装一格 × 型竹架，表明住户是个夫妇之家。

楼内一道横板将楼室分成前后两间，前面的一间是男性成员的居室，称男室；后面的一间是女性成员的居室，称女室。男室和女室都设有火塘，男子由前门进入房间，女子由后门进入房间。未成年男子随父亲住在男室；未出嫁女儿随母亲住在女室。男性住处的火塘主要用采取暖、待客，女性住处的火塘是全家煮食、进餐的处所。大家族内由父亲或长兄任家长，主持全家的生产劳动；家务由母亲或长媳主持，各小家庭的主妇轮流煮饭。

（二）"拥雅"

哈尼族"拥雅"意为子房或小房，一般盖在"拥戈"附近。"拥雅"为平房，泥挂墙或竹篱墙。室内面积仅十余平方米，有一张竹床。这是为家中成年男子建造的，一个家庭中有几个成年的儿子，就建几间"拥雅"。儿子在这里谈情说爱，以至结婚生子。待父亲亡故，长子长媳迁入"拥戈"，分别住在以前父母住的男室、女室内，履行家长职责。

十、景颇族民居建筑

景颇族的民居建筑是矮脚落地房。他们居住在海拔1500 ～ 2000 米的山区，地形复杂，很少有大块平地，房屋根据地形选址，所以居住得也很分散。景颇族民居外观粗犷简朴。一字形的房屋笼罩在陡峭的茅草屋顶下，硕大的屋面，很深的出檐，低矮的墙身，架空的竹楼构成了景颇族民居的特色。盖房使用的竹木材料保持自然的粗糙状态。位于楼上的堂屋是家人起居与待客的场所。室内一般没有柱子也不摆放座椅等家具，左右外墙开窗户，采光通风很好。正对大门的中后部安放火塘。火塘四周的楼板上,铺设席子或毡子,人们围坐喝茶聊天。堂屋内前面角上设佛龛,佛像面西,与佛寺中的佛像面东正好相对,以供人们祭祀。卧室的位置一般在楼上的东北角,可避免西晒。卧室分为两种类型,一种是不分室,一家人同居一室,分帐席地而卧;一种是分室,根据人口状况多少,用竹墙分隔数间。厨房相接在主房的后边,单层、面积较大,有楼梯可以通到楼上。主人在这里做饭、用餐,主妇还常在这儿待客、织布。

受汉族及傣族的影响,景颇族民居也有的将架空层提高,楼下饲养家畜,进行舂米等劳作。也有的模仿德宏傣族民居,做成平房的形式。也有模仿瑞丽傣族民居,建成干栏式的形式。

十一、怒族民居建筑

怒族的民居建筑为千脚落地房。该木楼以数十根圆木自下而上垒积,并固定成墙,因而得名。一般在离地面 2～3 尺高处铺以木板,形成矮楼,呈长方形,其顶覆以茅草或木片。一般只开设一东向小门,大小仅能屈身而入,架木梯上下。房屋四壁原无窗,现已开窗。房间内一般设有两个以上火塘。

怒族千脚落地房(图 5-43)依山而建,结构简单,易于搭建与拆迁,具有避水防潮的功能,适合山区多雨多雾的气候条件。千脚落地房也为干栏式建筑。怒族的千脚落地房主要分为木板房和竹篾房。贡山地区的怒族一般住在木板房或半木板土房。这种房子用圆木垒垛作为墙,屋顶用薄石板覆盖。福贡怒族一般住竹篾房,相对而言房子比较矮小,一般采用竹篾做外墙和隔墙,用木板或石板盖顶。这两种形式的千脚落地房一般都为两层,楼上分为两间,外间待客,并设有火塘,火塘上放置铁三脚架或石三脚架,供做饭烧水取暖。内间为卧室兼储藏室。楼下存放杂物或关养牲畜。楼板用木板或竹篾铺设,直接架在众多的木桩上,如同千脚落地一样,支撑着整栋房子。

图 5-43　怒族千脚落地房

十二、纳西族民居建筑

纳西族的民族建筑为"木楞房",其平面布置多为方形,内外墙用圆木或方木垒砌,木头两端砍出缺口,相互咬合衔接,组成方箱形的墙体。屋顶为悬山式,坡度平缓,采用薄木板铺设屋面,再用石块压实,即完成屋顶的施工。

现在主要居住在宁蒗彝族自治县泸沽湖畔的永宁纳西族,即摩梭人住在木楞房内。[①] 长期以来,摩梭人依山傍水而居,房屋建在向阳的山坡上。房屋都为木结构,四壁由削过皮的圆木两端砍上缺口垒制而成,俗称木楞房,屋顶盖板,俗称房板。摩梭人盖房板有特别技巧,滴雨不漏,如图 5-44 所示。

图 5-44　纳西族木楞房

永宁地区的木楞房,一般为"三坊一照壁"或四合院,分正

---

① 据《丽江府志》记载,古代纳西族人都住在木楞房内。丽江纳西族人称木楞房为"木罗房",意思是用木头垒起来的房子。

房、经堂楼或厢房、宿舍楼,也有人叫花楼、门楼、也称草楼。正房供家庭成员起居之用,是议事和炊事及祭祀的地方。厢房或称经堂楼,楼上为喇嘛住房或供佛像,楼下住单身男子或为客人住房。宿舍楼或花楼,主要供妇女居住。门楼上放草,楼下大门两边是畜厩。摩梭房屋的大门,一般朝东方或北方。其院落较大,凡红白喜事均在院落举行。

十三、黎族的民居建筑

(一)黎族民居建筑的三种类型

1. 铺地型建筑

黎族的铺地型建筑流行于昌化江上游的通什、番阳和毛阳等地。大屋有主柱 4 根,屋顶开两个天窗,屋里设有两个炉灶,屋的头尾两端对开一道门;小屋有主柱两根,屋顶开一个天窗,设一个炉灶,也于屋的两端开门,以红藤条或竹条或小树枝做骨架和地板,扎以白藤片。地板用石头垫高一尺左右。屋顶盖以茅草片,垂至地面作墙。

2. 高架型建筑

高架型建筑流行于南渡江上游的白沙等地。相传"本地黎"祖先也住铺地型,后因狗下凡吃人,地上又爬满了螃蟹和蝎子。为防止这些恶物侵害,遂改住高架型。屋基用许多木桩支撑起来,离地面高约两米,上屋住人,下层饲养牲畜,整个外貌与铺地型基本相同。但前门离地高,后门接近地面,整体成倾斜状。

3. 向"金字型"过渡的布隆趔竿

向"金字型"过渡的布隆趔竿主要流行于乐东、东方、昌江等地。外形跟铺地型相似,均为圆拱形茅草顶,门立在两端,屋檐下垂至地面,有的有矮墙,没有架空离地的地板;有的房子三面都没有墙壁。

（二）黎族的船形屋

　　黎族的船形屋（图 5-45），有着鲜明的民族特色和地域特色。船形房屋主要分布在海南省，在新中国建立前还保留了一种架空的"船形屋"。它的外形像一条被高架起来的船，屋顶为弧形，如船之篷，顶覆盖茅草，下以木架之，离地面高尺许，有的高二三尺。整幢房屋由前廊与居室两部分组成，前廊被屋檐遮盖，可以作为一个凉台。整个房屋用木柱支撑，用竹片和藤条编成地板，靠小梯子上下进出房间。

图 5-45　黎族的船形屋

　　船形屋顶呈半圆拱形，用竹木为材料建立构架，使用藤条进行捆扎，再用茅草铺设屋顶。内部间隔像船舱，前后设门，一般不开窗户。实际上，五指山的中心地区，地理位置偏僻，四周环境荒芜，不开窗户可以起到防风、防兽和保温的作用。

　　船形屋是黎族的一种传统居住房屋，据考证，黎族在远古时代是从两广大陆直接渡海而来。也有一种说法，说黎族曾经在沿海一带生活，外形似船的住宅，可能是为了回忆和祭祀黎族的祖先坐船渡海来海南岛的。

　　在船形屋建筑内，除了床铺、农具和堆放粮食外，屋内还放置"三石炉灶"或砖泥马蹄形灶。黎族把炉灶放在屋内有以下好处。[①]这是上古传下来的保存火种的遗风。现在大部分黎族地区改用

---

① (1)过去经济落后，生活贫困，冬天无御寒衣物，只好在屋内生火取暖。(2)由于烟熏作用可以赶走蚊虫，使房屋不易受虫蚁蛀蚀。(3)由于火种缺乏，在屋里整日燃烧便于照顾火种。

高约40厘米的汉式砖灶,三石炉灶基本上消失。后来,黎族人民又将船形屋直接建造在地势较高的地面上,并且吸取了汉族造床而睡的做法,改变了过去架空地板而席的习惯。

十四、瑶族的民居建筑

瑶族作为一个古老的民族,主要分散居住在广西、广东、湖南、云南、贵州和江西等地。一般认为,瑶族先民为秦汉时代长沙武陵蛮的一部分,或者说是五溪蛮的后代,另外还有瑶族源于三苗九黎集团的说法,将其历史又往前延伸。瑶族的居住文化具有漫长的历史,在《后汉书·南蛮传》里有其祖先盘瓠“止石室中”的记载。后来,又“采竹木为屋”,形成巢居,并根据自己的生态环境创造了自己的居住文化。瑶族所居地不同,支系繁多,其居住文化也呈现多元化的状态。图5-46为古老的瑶族民居建筑。

图5-46 瑶族民居建筑

(一)瑶族房屋建筑结构

瑶族的房屋结构可分为三类:(1)砖墙、木架、瓦盖;(2)泥或卵石墙,盖顶有三种,即瓦盖、竹盖、杉木皮盖;(3)木架围篱,盖顶有三种,即竹盖、杉木皮盖、茅草盖。花蓝瑶、茶山瑶、坳瑶多居前两种类型的房屋,盘瑶、山子瑶多居第三种类型的房屋,而广西南丹县的白裤瑶,相当部分的人家居住条件尚不及第三种类型。瑶族大多数民居都有天井,约有二丈五见方的面积。在天井两边有住房,一般都有楼,分上下两层,下面住人,上面很少住人,多数用来堆放东西。广西龙胜红瑶的住宅,屋宅依山坡自然而建,分前后宅,前宅分为两层,后宅为一层,也有的住宅前宅为三层,后宅为两层。前宅的下层为畜栏、厕所。住宅的建筑面积称为"空"。所谓"空",就是墙基围住的一个空间单位。以三空房宅的式样较为普遍。

(二)吸取了汉民族建筑工艺的瑶族建筑

广西富川瑶族自治县的瑶族人民,原先住在山区,后来逐步下山定居。他们的住房建筑十分别致,这是吸取明朝汉民族建筑工艺,结合本民族特点逐渐形成的。其建筑形式,大体上有三间平列、两间平列和一个天井两种。一般都有层楼,有花纹图案。三间平列的,中间是一大间厅堂(也有分内外两间的),左右两间,分内外两间,里面是住房,外面做厨房或堆放零星东西之用。两间平列的,一间做厅堂,另一间分内外两间,里面为卧室,外面是厨房。厅堂正中,一律设有神龛,楼上大部分住人,少部分不住人,用来堆放东西。屋墙清洁,平整美观。前面屋檐向外伸出,设凉台,画有谷穗花纹图案。屋顶上砌高出两块厚砖,画有凤凰色彩或双龙争珠等花纹。正面看起来似宫殿式的艺术,引人入胜。

十五、畲族的民居

畲族的住宅用福建畲语称为"土墙厝""木寮",浙江畲语称为"瓦寮",自清代以来,逐渐发展为以土木结构为主流。

(一)瓦寮、土墙厝

瓦寮、土墙厝都为土木结构。四面筑墙,屋架直接放置在山墙上,屋顶呈"金"字形,覆盖瓦片,俗称"檩人字栋",有四扇、六扇、八扇之分,所谓一扇,就是由五至七根木柱以楼锁和檩子连接成的一个屋架。两扇对峙竖起,上部与中部用横梁串接,形成大型的屋厝。这种大厝、柱子、穿枋、过梁多达数百根,都出自畲族木匠之手,他们凭借经验,不用一钉一铆,将木结构制作得坚固耐用。

这种木结构的房屋一般为平房。平面布置为方形,屋内一般都是一厅,左右为厢房。厅堂分为前后厅,中间用木屏隔离,前厅两侧开小门,左门项上设神位,右门项上设祖神位。后厅放置日用杂物,如磨、臼或饲养家禽等。左右两厢房各分隔两间为卧室,室内陈设简陋。右厢房后段多为厨房,厨房一般不设烟囱。由于山区气候寒冷,每家灶前设一个火炕或火塘,冬天全家围坐火塘,烤火取暖。

(二)草寮

畲族传统民居在旧时有"草寮",这是一种木结构的草房。草寮一般以木为架,以竹为椽,以篱笆糊泥为墙,茅草编帘当瓦,用藤捆缚。一般为三间(也有一间),中间称中堂,摆放农具家什,中堂靠正中的墙壁设香火,摆放祖宗牌位,墙壁上贴一张红纸,上写本家姓氏出于何郡(如雷姓为"冯翊郡")。东侧为厨房,西侧为卧房。父母、子女可同睡一个房间,男客来由男主人作陪到客间睡,女客来了由女主人陪伴去客间睡。里面还有一个"土库",用泥做墙,具有冬暖夏凉和防火、防盗作用。但畲寮矮而狭窄,光线不足,通风性差。

这种建筑流行于浙江、福建、江西和广东等地。畲族户户养家禽。猪栏为矮小的房子,有的设在屋内,有的设在屋旁,鸡舍一般在楼梯下。牛舍与住房为邻,或建在村边。

(三)大厝

富裕的大户在清代还建造了大型宏伟的"大厝",大厝集中显示了畲族工匠高超的建筑技艺。据丘国珍教授考察,建于清道光三十年(1850 年)的福建霞浦樟坑畲村的蓝氏樟坑大厝堪为经典。该大厝选择在高 400 米,而且险峻的鹰嘴崖建造,在轴线上建造了三座整体衔接的大瓦房,纵深 60 米,宽 52 米,每座 12 扇,共 99 根大柱,9 个厅,94 间房。每厅 22 平方米,每间厢房 12 平方米。采用穿斗抬梁式,悬山顶双层木结构,上下出檐,屋面呈凤凰展翅状。楼高 6.5 米(其中一层高 4 米,二层高 2.5 米)。前、中、后三座屋各有一个天井,周围砌成高达 7.5 米的马鞍形风火墙,与外界封闭,仅在东面开设双重门以供出入。

大厝设门楼亭,外加"半臼门"。门内有小天井,中立石香炉,其高 1.6 米,四边雕刻花卉。越小天井入内,经踏阶前座大天井,见内竖一石刻大蝙蝠,其中还套刻小蝙蝠,造型生动逼真。大厝廊前排列 12 根大柱,支撑着檐前大梁,柱础为双层石鼓。檐口斗拱,顶为卷棚。三座厅堂顶端均悬挂黑底描金字的祝寿匾额。厅堂正壁镶嵌着 80 厘米左右的龙凤圆形浮雕的"福"字图案,两边木雕蝙蝠衬托,其下横面嵌入长 1.6 米,宽 60 米的菱花木格。廊前厢房门窗雕刻菱格花纹,前后厅隔开。

厝内装潢讲究,立柱梁架交错有致,斗拱榫卯连接无间,门窗有精美的菱花木雕,并有花卉点缀其间,室内饰物、神龛、祖宗牌位以及中堂摆设的几桌等都雕刻着具有畲族特色的形状各异的人物、禽兽、花卉的精美图案。此座精致的畲族大厝,不仅显示了独具民族特色的建筑水平,而且展现出丰富的文化内涵。

(四)畲族民居建筑中的饰物

相传金凤凰曾给畲族人带来幸福成为流行于福建、浙江等地的畲族民居喜欢饰物。古代有位畲族后生叫盘阿龙,凤凰给了他三根羽毛,作为有困难时点燃之用。后来,当阿龙母子挨饿、受冻时,凤凰就衔来谷种、芋麻籽,教阿龙播种,使得他们衣暖食饱。阿龙结婚时,金凤凰又忍痛卸下自己的头髻和尾巴,做了一身凤凰装给新娘,并祝他们夫妻永世如意。畲族人视凤凰为吉祥物,每逢婚娶喜庆的日子,人们都要用大红纸,写上"凤凰到此"四个字,贴在厅堂的正壁上,表示吉庆。

参考文献

[1] 梁变凤.中国古建筑的真善美[M].太原:山西人民出版社,2013.

[2] 徐伦虎.中国古建筑密码[M].北京:测绘出版社,2010.

[3] 梁思成.中国建筑史[M].天津:百花文艺出版社,2005.

[4] 赵炳时,林爱梅.寻踪中国古建筑:沿着梁思成、林徽因先生的足迹[M].北京:清华大学出版社,2013.

[5] 柳肃.古建筑设计理论与方法[M].北京:中国建筑工业出版社,2011.

[6] 苏万兴.简明古代建筑图解[M].北京:北京大学出版社,2013.

[7] 王小回.中国传统建筑文化审美欣赏[M].北京:社会科学文献出版社,2009.

[8] 张义忠,赵全儒.中国古代建筑艺术鉴赏[M].北京:中国电力出版社,2012.

[9] 钱正坤.中国建筑艺术史[M].长沙:湖南大学出版社,2010.

[10] 王其钧.华夏营造·中国古代建筑史[M].北京:中国建筑工业出版社,2005.

[11] 王振复.中国建筑的文化历程[M].上海:上海人民出版社,2000.

[12] 罗哲文.中国古代建筑精华[M].郑州:大象出版社,2005.

[13] 潘谷西.中国建筑史(第6版)[M].北京:中国建筑工业出版社,2009.

[14] 楼庆西.中国古建二十讲[M].北京:中国出版集团,

生活·读书·新知三联书店,2004.

[15] 贾洪波.中国古代建筑[M].天津:南开大学出版社,2010.

[16] 薛玉宝.中国古建筑概论[M].北京:中国建筑工业出版社,2014.

[17] 李秋香.罗德胤,贾珺.北方民居[M].北京:清华大学出版社,2010.

[18] 吴正光.西南民居[M].北京:清华大学出版社,2010.

[19] 汪之力,张祖刚.中国传统民居建筑[M].济南:山东科学技术出版社,1994.

[20] 刘雪芹.中国民族文化双语读本·汉英对照[M].北京:中央民族大学出版社,2013.

[21] 徐跃东.民居建筑纤巧神韵古民居[M].北京:中国建筑工业出版社,2007.

[22] 杨鸿勋.宫殿考古通论[M].北京:紫禁城出版社,2001.

[23] 严大椿.新疆民居[M].北京:中国建筑工业出版社,1995.

[24] 陆元鼎,魏彦钧.广东民居[M].北京:中国建筑工业出版社,1990.

[25] 张驭寰.吉林民居[M].北京:中国建筑工业出版社,1985.

[26] 叶启燊.四川藏族民居[M].成都:四川民族出版社,1992.

[27] 中国建筑技术发展中心建筑历史研究所.浙江民居[M].北京:中国建筑工业出版社,1984.

[28] 侯继尧等.窑洞民居[M].北京:中国建筑工业出版社,1989.

[29] 冯骥才.古风中国古代建筑艺术(古风中国古代建筑艺

术）老书院［M］.北京：人民美术出版社，2003.

[30] 王晓莉.中国少数民族建筑［M］.北京：五洲传播出版社，2007.

[31] 叶禾.少数民族民居［M］.北京：中国社会出版社，2006.

[32] 蔡凌.侗族聚居区的传统村落与建筑［M］.北京：中国建筑工业出版社，2007.

[33] 李卫东.宁夏回族建筑研究［M］.北京：科学出版社，2012.

[34] 黄春波.浅谈广西少数民族传统建筑装饰［J］.美术大观，2007（9）.

[35] 胡群.论侗族建筑的特色［J］.贵州民族研究，2010（5）.

[36] 黄新叶，张萍，陈华.传统回族民居建筑文化符号提取与运用的思考［J］.福建建筑，2016（5）.